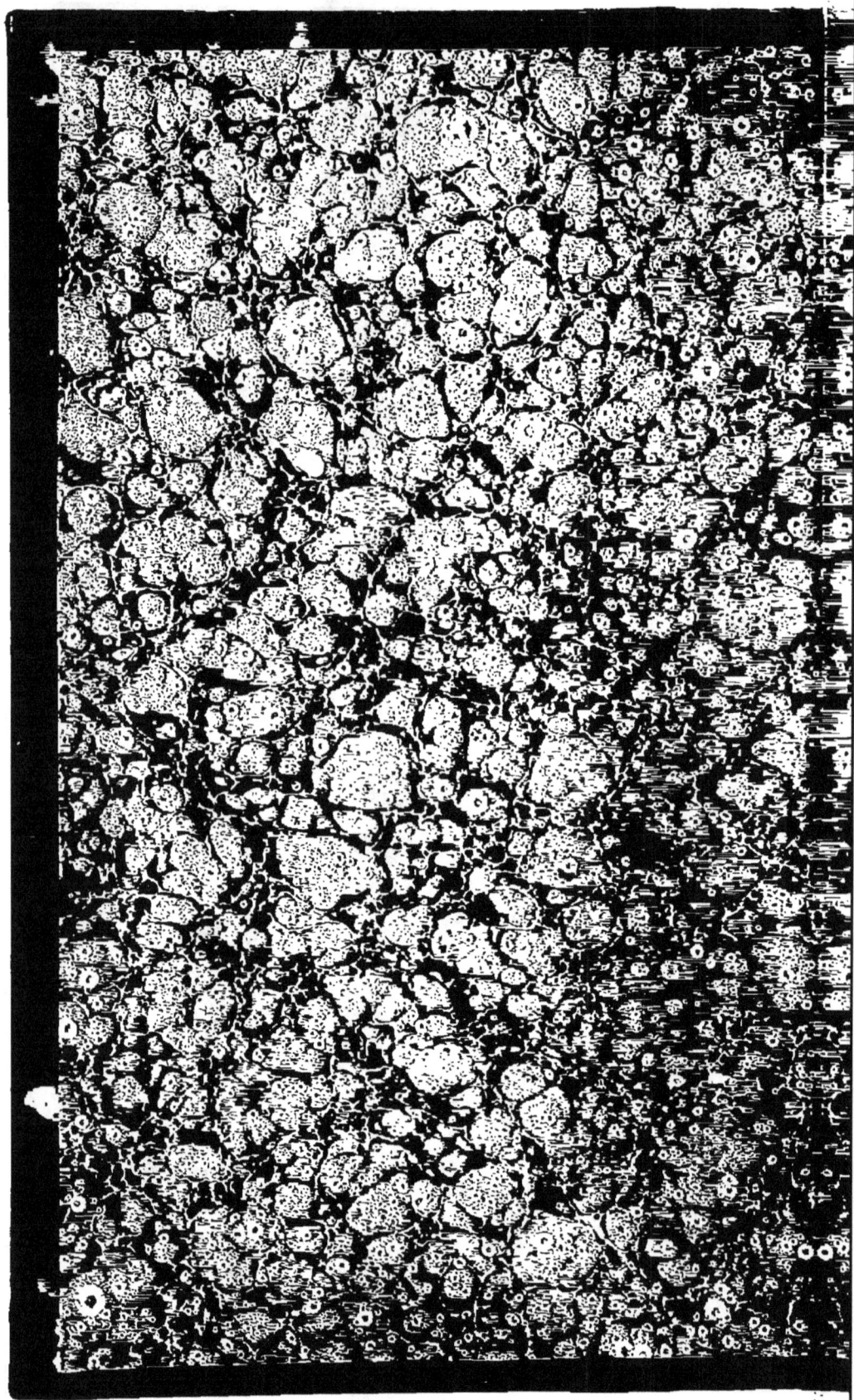

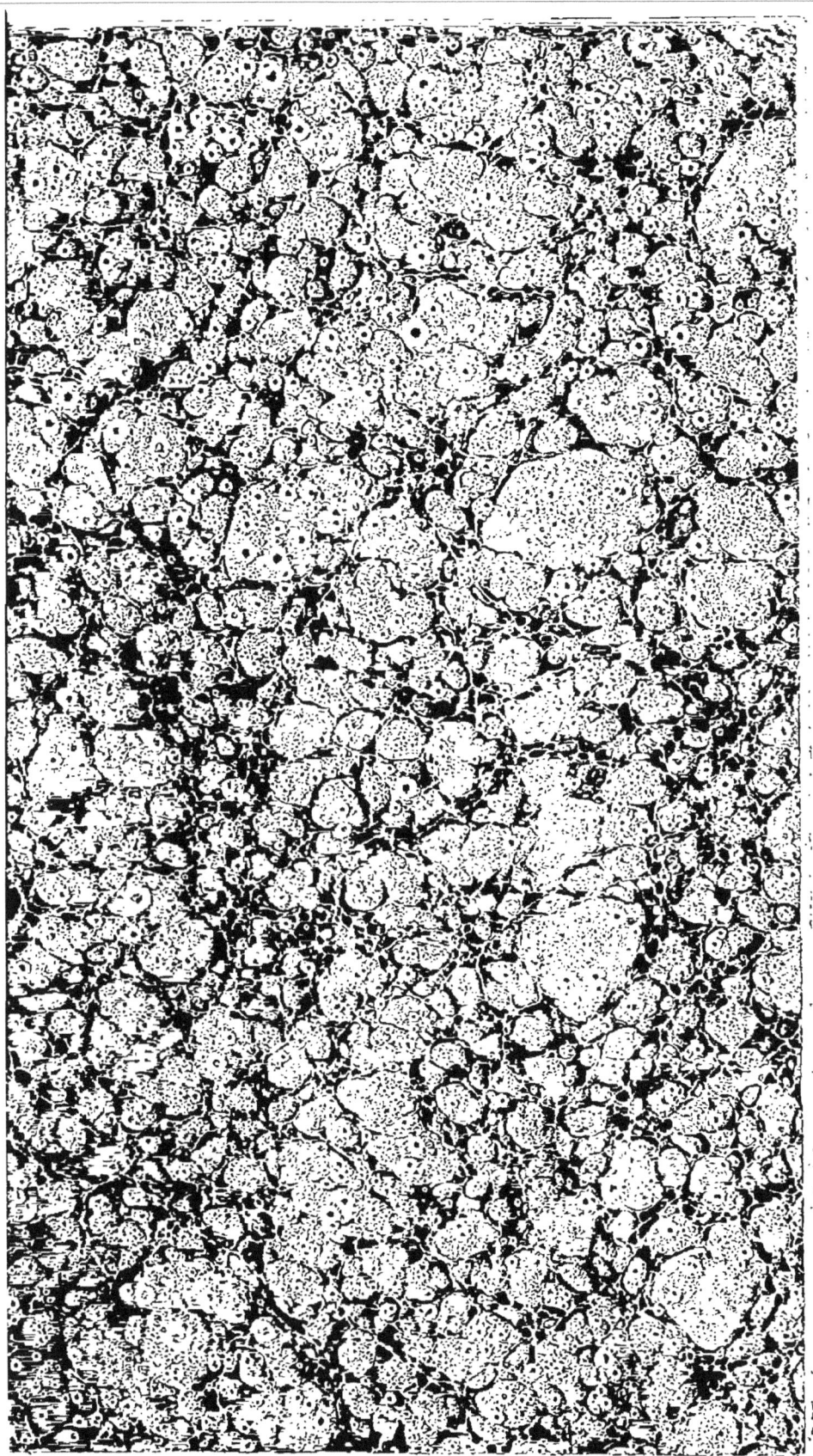

26668

RÉSUMÉ

des

MEILLEURES MÉTHODES D'ÉDUCATION

des

VERS A SOIE.

RÉSUMÉ

des

MEILLEURES MÉTHODES D'ÉDUCATION

des

VERS A SOIE,

rappelant

JOUR PAR JOUR, LES SOINS A LEUR DONNER ;

indiquant

LES MOYENS D'EMPLOYER POUR MAGNANERIE DES LOCAUX
SERVANT A D'AUTRES USAGES, ET D'Y PRODUIRE,
A PEU DE FRAIS, UNE BONNE VENTILATION.

Ouvrage

Utile aux Éducateurs qui, n'ayant pas réussi, voudraient
en rechercher la cause, et réformer, pour l'avenir,
leurs procédés ou leur magnanerie,

Par M. DUVERNAY aîné,

Ancien jurisconsulte, président de la société d'agriculture
de Saint-Marcellin (Isère).

GRENOBLE,

CHEZ BARATIER FRÈRES ET FILS, IMPRIMEURS-LIBRAIRES,
Grand'rue, 4.

——

1849.

Ouvrages du même auteur :

TRAITÉ SUR LA CULTURE DU MURIER et sa *taille dans les régions tempérées*. A Grenoble, chez Baratier, imp.-lib. ; et à St-Marcellin, chez l'auteur. Prix : 75 c., et par la poste, 1 f. 25 c.

POUR PARAITRE INCESSAMMENT :

TRAITÉ SUR LES ABEILLES, contenant la construction d'une ruche où l'on peut, par des récoltes d'été, obtenir partout du miel aussi *blanc* que celui de Narbonne, chez les mêmes libraires.

Grenoble, imp. de J. Baratier.

EXPOSÉ.

—◦⊷◦—

1. A voir les pertes nombreuses qu'éprouvent la plupart des éducateurs de vers à soie, on serait tenté de croire que l'art de les élever est une chose bien difficile. Cependant, il n'est que deux soins principaux pour les faire réussir : 1° tenir les vers au degré de chaleur prescrit, et 2° renouveler l'air perpétuellement et lentement dans toutes les parties de l'atelier : tel est tout le secret.

2. Leur donner une nourriture saine, suffisante, les déliter, etc., sont des soins qui ne sont méconnus par personne, et ce n'est pas par là que les

vers à soie périssent ordinairement. Qu'on entre dans la plupart des magnaneries, on sera suffoqué par les mauvais gaz qu'on y respire; tandis qu'au contraire, dans un atelier bien tenu, la feuille en consommation répand une odeur agréable. Apprendre aux gens de la campagne que tant de soins qu'ils prennent pour chauffer, calfeutrer, étouffer les vers à soie dans leurs magnaneries, n'aboutit qu'à les faire périr, serait déjà un grand point obtenu.

3. En général, on n'est pas assez convaincu de la nécessité de maintenir une grande régularité dans la température et dans le renouvellement de l'air. Des insectes, dit-on, que la nature a destinés à vivre au milieu des variations de l'atmosphère, ne doivent pas demander ces soins minutieux; mais on ne réfléchit pas que l'agglomération des vers à soie dans une magnanerie

rend leur condition bien différente.

4. On ne réfléchit pas surtout que, sur un millier d'insectes qui naissent dans la nature, un seul, peut-être, parvient à bonne fin. En effet, si une race vivant à l'air libre, comme les chenilles, par exemple, réussissait et multipliait comme nos vers à soie domestiques, même les plus mal conduits, l'univers en serait bientôt inondé et dévoré.

5. On ne considère pas assez non plus, que les vers à soie, n'ayant pas de chaleur qui leur soit propre, n'ayant que celle de l'air au milieu duquel ils vivent, les variations de température leur sont plus sensibles. Arrêtant la grande transpiration de leur peau, ces variations leur sont plus fatales qu'aux autres animaux à sang rouge, dont la chaleur naturelle compense et régularise la température de leurs organes.

6. Enfin, on ne se persuade pas que le ver à soie transpire autant qu'il le

A 4

fait. On en aura une idée, si on pèse la feuille fraîche donnée aux vers, et si on pèse ensuite la litière et le fumier. On trouvera qu'une énorme quantité d'humidité a dû s'évaporer à travers la peau des vers à soie, qui n'urinent pas. On conçoit que tout ce qui peut déranger cette grande transpiration doit altérer leur santé.

7. On aime mieux attribuer la non-réussite à l'effet du hasard, ou à des causes extraordinaires indépendantes de l'éducation. Mais l'expérience est là pour nous indiquer les moyens de succès : les deux soins principaux que nous avons énoncés en commençant.

8. La plus grande difficulté qu'on rencontre souvent, est de maintenir la santé des vers, lorsque, sur la fin de l'éducation, il règne un vent chaud et malsain ; ou bien lorsqu'il y a stagnation complète dans l'atmosphère. Alors, plus que jamais, tous les soins doivent

tendre aux deux grands points précités:
le rabaissement de la chaleur au degré
voulu, et le complet renouvellement
de l'air. Nous indiquerons les moyens
d'y parvenir.

9. Sans critiquer les recherches des
savants, qui tendent à éclairer la pratique, l'éducateur les laissera discuter
sur le point de savoir, si, par exemple,
la maladie de la *muscardine* (dragées,
orangeats) est *causée* par une concrétion chimique, comme le dit Dandolo ;
ou par un *champignon* (cryptogame)
qui se sème et croît sur le corps du ver
à soie, comme le prétendent des ob-
servateurs modernes, ce qui devrait en
opérer la corruption ; tandis qu'au
contraire il durcit en quelques heures et devient incorruptible ; ou bien
enfin, si, comme on pourrait aussi le
soupçonner, l'apparition de ce champignon ou moisissure ne serait pas l'ef-

A 5

fet et la suite de la maladie, plutôt que d'en être la cause.

10. Un fait qui porterait encore à penser que la muscardine ne se communique pas par semence, c'est que des insectes, continuellement enfermés dans le sein de la terre, y sont sujets. J'ai trouvé dans un champ, à plus de soixante centimètres de profondeur, des larves ou vers blancs de hanneton, complétement durcies, avec efflorescence muscardinique. M. Brunet de la Grange, inspecteur de l'agriculture, à qui j'en ai remis, les jugea réellement muscardinés. Il est à remarquer que cette année là (1846), à la fin de l'été, la terre avait été sèche et chaude à une grande profondeur. Il y avait probablement eu fermentation, absorption de gaz, et concrétion chimique, qui avait durci le ver et l'avait garanti de la pourriture. Comment supposer, en effet, une semence de cryptogame

semée sur le corps d'un ver toujours environné de la terre, où il fouille, rampe et se traîne?

11. Quoi qu'il en soit, disons ici avec Dandolo, qu'un chapitre sur les maladies des vers à soie est presque inutile dans la pratique; car, si on observe exactement ce qui est prescrit, on n'aura pas de vers à soie malades; et, s'ils sont malades, il est, jusqu'ici, peu de remèdes reconnus efficaces. Vainement a-t-on employé les ingrédients les plus énergiques, le sulfate de cuivre, la chaux, la vapeur de soufre, d'arsenic, etc.; on n'en a pas obtenu de succès marqués. On en revient, avec raison, dans ce pays, à employer pour moyens *curatifs* les moyens *préservatifs* et hygiéniques prescrits pour toute l'éducation, savoir : bonne nourriture, bon air et chaleur convenable. De sorte qu'on peut dire que tout ce qu'on a écrit depuis quelque temps sur cette matière,

A 6

se résume aux conseils des médecins
sur le choléra : « *faites en sorte de vous*
» *bien porter et ce mal ne vous attaquera*
» *pas.* » Voyez, en effet, le *Traité sur*
la muscardine, par M. Robinet, savant
distingué, où, après avoir rapporté toutes les opinions anciennes et modernes, qui se contredisent sur la muscardine, il convient, page 24, que « *la*
» *contagion n'a pas de prise sur les vers*
» *à soie bien portants.* » Pourquoi faut-
il qu'il conseille ensuite une chaleur
humide, qui est précisément ce qui les
fait périr ?

12. Depuis lors, M. Guerin Menne-
ville, savant entomologiste, envoyé par
le ministre de l'agriculture, dans les
départements du Midi, pour y étudier
cette maladie, aidé d'un puissant mi-
croscope, a découvert toutes les phases
de la végétation et de la reproduction
du redoutable cryptogame. Sa semence, subtile comme une poussière im-

palpable, vole dans l'air, et se répand d'une magnanerie infectée, dans toutes celles de la contrée. Les vêtements la transportent, la feuille des mûriers s'en imprègne sur l'arbre, et les soins pour s'en garantir paraissent à peu près superflus. Cette partie de son rapport au ministre est vraiment désespérante. A sa lecture, j'étais prêt à condamner au feu la portion déjà écrite de cet opuscule. Mais, dans une séance de la Société séricicole de Paris, où il rend compte de ses travaux si remarquables, il conseille, pour préserver les ateliers de la muscardine, de les tenir bien aérés, de les rendre plus secs sur la fin de l'éducation, et de déliter très-fréquemment. Or, ce sont là précisément les conseils de Dandolo que nous préconisons. Lorsque naguère les savants prescrivaient de donner aux vers à soie de la feuille mouillée, nous fûmes peinés de nous trouver complétement en désaccord avec eux. Maintenant, si la maladie n'est pas une concrétion chimique, si le durcissement du ver à soie est causé par le cryptogame, qui semblerait plutôt devoir le faire pourrir; si des vers blancs, larves de hanneton, ont, contre toute apparence, été muscardinés par la semence de ce champignon microscopique, qui aurait pénétré dans le sein de la terre; enfin, s'il est la cause et non l'effet de la maladie, il faut croire que cette semence ne germe et ne se développe que dans certaines conditions d'*humidité*, de *chaleur*, de *touffe* et d'émanation de gaz malfaisants qui en sont la suite. C'est ainsi qu'une multitude de semences invisibles, qui nagent dans l'air et se déposent partout, germent sur la pierre et les murs, qu'elles verdissent du côté humide du nord, tandis que le côté sec du midi n'en offre aucune trace.

13. Toujours est-il satisfaisant pour

l'éducateur, qu'il soit reconnu que, dans tous les systèmes théoriques, les moyens préservatifs sont aujourd'hui les mêmes.

14. Une expérience de plus de trente ans a suffisamment démontré, dans ce pays, que la méthode de Dandolo était la plus sûre pour entretenir les vers à soie constamment sains. D'autres auteurs ont ajouté des perfectionnements à cette éducation, mais seulement dans les procédés d'exécution.

15. Depuis quelques années, revenant aux anciens systèmes, si malheureusement enracinés dans l'esprit des gens de la campagne, les auteurs de magnaneries modèles et perfectionnées ont voulu hâter l'éducation par la chaleur. Elle a produit un plus grand dégagement de gaz malfaisants, qui sont trop difficilement expulsés des grands ateliers. Si quelquefois on a réussi avec autant de chaleur, c'était lorsque

l'air de l'atmosphère était si frais et si pur, qu'on n'avait pas pu l'altérer. D'ailleurs, n'est-il pas reconnu que le ver qui file sa soie par une température élevée, ouvrant davantage sa filière, fournit un fil moins fin; et que le ver qui a moins mangé de feuille, produit moins de soie.

16. Inutilement encore a-t-on voulu multiplier les repas. Cette pratique, bonne peut-être en soi, a été inexécutable en grand, par l'embarras qu'elle cause. Tout ce qu'on a publié de nouveau n'a donc servi qu'à prouver, à ceux qui ont de l'expérience, que l'art d'élever les vers à soie est moins avancé dans les livres modernes que dans celui de Dandolo. Qu'importe à l'éducateur qui le suit qu'on lui objecte que la physique a fait des progrès depuis cet auteur? Si la réussite est assurée par sa méthode, cela suffit pour croire

qu'il ne s'est point trompé dans ses prescriptions.

17. Plusieurs personnes qui se livrent spécialement à la pratique, après avoir étudié les meilleurs ouvrages, témoignent qu'elles auraient encore besoin d'un manuel qui résumât les opérations journalières qui y sont prescrites; c'est ce travail que j'ai rédigé pour les personnes qui dirigent des ateliers. Je crois y avoir mis un ordre méthodique et successif, qui rappelle, jour par jour, ce que l'on doit faire. J'y ai ajouté un paragraphe sur les moyens d'employer pour magnaneries des locaux destinés à un autre objet, tels que greniers à foin, et sur l'art d'y produire, à peu de frais, une bonne *ventilation*. Il ne faut pas toujours céder au désir de dire du neuf, et se donner pour inventeur de procédés merveilleux. Rechercher et résumer ce qui a été dit

de mieux sur un sujet, est souvent une chose plus utile : puisse-t-il en être ainsi !

18. J'ai publié un petit Traité sur la culture et la *taille* du mûrier *dans les régions tempérées*, parce que j'ai reconnu que les livres existants sur cette matière ne pouvaient s'appliquer qu'aux pays méridionaux. (A Grenoble, chez Baratier ; à Saint-Marcellin, chez Sabatier; prix : 75 c., et 1 fr. 25 c. par la poste, et chez l'auteur.)

19. Mais quant aux vers à soie, de bons ouvrages subsistent pour toutes les contrées, notamment celui de Dandolo. Ayant moi-même, pendant *vingt-quatre ans*, fait observer sa méthode, avec un succès *constant*, dans plusieurs magnaneries, en plaine et sur coteaux, j'ai reconnu la perfection de son Ouvrage pour toutes les localités. En le suivant, j'ai obtenu, chaque année, 50

kilogrammes de cocons, et quelquefois plus, par chaque 31 grammes de graine. Certains auteurs, il est vrai, nous promettent bien davantage; mais je ne crois pas à tant de succès, et je soupçonne quelque erreur dans leurs pesées.

20. On regarde vulgairement la récolte des cocons comme une des plus chanceuses. Je la trouve, au contraire, une des plus assurées, puisqu'elle dépend presque entièrement des soins qu'on lui donne. Produit précoce de la saison, elle a bien moins de chances à courir que les récoltes tardives, qui sont, pendant longtemps, exposées aux intempéries. Tel, en effet, qui n'a pas réussi, et qui croit avoir fait observer toutes les prescriptions voulues, ne saurait assurer que les personnes qu'il a employées, et le jour et la nuit, les aient parfaitement suivies. Tant que

nos fabriques auront besoin, pour s'alimenter, de recourir aux soies étrangères, la production de cette belle et riche matière sera toujours une industrie lucrative.

21. J'ai puisé quelques perfectionnements de détail dans divers auteurs. Mais j'avouerai que je n'en ai guère reconnu que dans les procédés, et non dans la méthode; et j'applaudis au juste orgueil de l'illustre Dandolo, qui se manifeste si bien dans cette phrase : « Si quelqu'un observait, dit-il, qu'il » obtient, sans le secours de cet ou- » vrage, une bonne récolte de cocons, » je l'en féliciterais, lui déclarant que » mon intention n'avait pas été d'é- » crire pour lui, ni pour qui que ce » soit qui croie en savoir assez sur cette » matière. »

22. Par la même raison, ce résumé des meilleures méthodes ne s'adresse

pas à ces mêmes personnes. Il est des-
tiné surtout à ceux qui, n'ayant pas
réussi, voudraient en connaître la
cause, et réformer, pour l'avenir, leurs
procédés ou leurs magnaneries.

SOINS PRÉLIMINAIRES.

23. Avant de se livrer à une éducation de vers à soie, il est nécessaire de préparer, assez longtemps d'avance, tout ce dont il est besoin. Voici la liste de ces divers objets, dont on trouvera plus loin les détails.

24. On se procurera d'abord un bon ouvrage sur les vers à soie, tel que celui de *Dandolo*, et on l'étudiera dans le cabinet. Cet abrégé se réfère souvent aux pages de son livre, édition de 1845, chez Maison, libraire, quai des Augustins, 29, à Paris.

Etudier le paragraphe de la *ventilation*, ci-après, n° 38 et suivants.

Avoir une bonne *magnanerie*, avec ses *tables* ou claies, en état; voyez ci-après nº 25 et suivants.

Petit atelier, pour tenir les vers jusques après la troisième mue; voyez ci-après nº 25 et suivants.

Avoir une bonne *étuve*, avec son *poêle*, ses *thermomètres* bien réglés, *combustible sec*, nº 66 à 68.

Graine de vers à soie. S'en procurer de bonne; voyez nº 65.

Feuille suffisante pour la quantité de vers à soie qu'on veut élever; voyez le tableau nº 88. Quant à sa qualité, voyez mon Traité sur les mûriers, nº 25 et suivants dudit Traité, et *Dandolo,* p. 42-46.

Thermomètres, les bien régler, voyez nº 69, etc.

Local frais, pour tenir la feuille fraîche; assez grand pour en conserver, au besoin, pour deux ou trois jours; voyez nº 77.

Hygromètre, s'en procurer un bon, 56, et étudier l'hygrométrie, n° 56 et suivants.

Baromètre, en avoir un bien réglé; voyez n° 76.

Thermométrographe, instrument curieux et utile; voyez n° 73 et suivants.

Boîtes d'éclosion, les préparer; voyez n° 97.

Papiers percés de trous de différentes grandeurs; voyez n°s 100, 133, 152, 163, 201, 203, 210.

Emporte-pièce à percer le papier; voyez le n° 100.

Crochets, etc., pour lever les vers; voyez n°s 104, 133.

Tablettes de transport, les préparer; voyez n° 87 *bis*.

Coupe-feuille, l'aiguiser; n° 80, etc.

Petits balais, échelles, bancs.

Bouteille à gaz purifiant; voyez n° 83.

Bruyère ou autres objets pour faire

monter les vers à soie; s'en pourvoir pour l'avoir sèche; voir nº 228.

Boîtes à papillons, voyez nᵒˢ 260, 263.

Chevalet pour la ponte, voyez nº 264.

Châssis de cordes pour conserver la graine; voyez nº 266.

Tour à filer la soie, voyez nº

DES MAGNANERIES.

25. Les meilleurs auteurs conseillent d'avoir un grand et un petit atelier. Le petit, pour conduire les vers seulement jusqu'après la troisième mue; Dandolo, p. 72. Il devra avoir, par once de trente-un grammes d'œufs, au moins quatre mètres cinquante-cinq centimètres carrés de tables ou claies, c'est-à-dire, que les tables ayant, je suppose, un mètre trente centimètres de large, il en faudra près de quatre mètres de long par once. Voyez le tableau n° 88.

26. J'ajouterai que ce petit atelier, ne servant qu'à une époque où l'atmosphère, encore froide, exige con-

stamment du feu, il n'est pas besoin de beaucoup de soins pour le rafraîchir. Il suffit qu'il y ait moyen d'y renouveler l'air par diverses trappes très-peu ouvertes et dont la direction ne donne pas immédiatement sur les vers, qui souffriraient du refroidissement. Ces ouvertures seront bien placées près du feu ou du poêle, afin que l'air entrant se réchauffe d'abord.

27. Quant au *grand atelier,* on peut voir Dandolo, page 294 et suivantes. Mais je le modifie de la manière que voici :

28. Comme Fraissinet, je ne mets que deux rangs de tables; mais je donne à ces tables et à l'atelier plus de largeur qu'il n'en indique. A trois rangées, le jour manque au milieu, et l'air vicié est moins renouvelé. J'ai remarqué depuis longtemps que la réussite est plus rare dans les magnaneries à trois rangs. Mais on pourra donner à l'atelier

toute la longueur qu'on voudra. On la proportionnera à la quantité de vers qu'on devra y élever.

29. On fera bien de placer l'atelier au nord d'un autre bâtiment, qui, au midi, puisse l'abriter de la chaleur. Cet atelier peut servir de grenier à blé ou à foin après la récolte des cocons. Mais, si le soleil le prenait de tous les côtés, il serait mieux au rez-de-chaussée, sur un terrain qu'on puisse ombrager. Comme je l'explique au chapitre de la ventilation, n° 47, il faut, autant que possible, qu'il ait au-dessous, ou du côté du midi ou du couchant, c'est-à-dire du côté d'où viennent les vents chauds, un *local frais*, tel qu'une cave, un cellier, où l'air puisse se rafraîchir avant d'entrer dans l'atelier : on peut pratiquer une galerie souterraine, etc.

30. L'atelier doit être bien éclairé par des fenêtres hautes. Il y faut des

volets ou persiennes, pour garantir du soleil; ou tout au moins des châssis, des rideaux, des vitres barbouillées d'un épais lait de chaux (Dandolo, page 62).

31. Je donne aux tables ou claies un mètre trente centimètres de large, non compris les montants de support. Une personne peut aisément porter la main de chaque côté, à soixante-cinq centimètres. Les trois passages auront un mètre trente centimètres chacun, y compris les montants. On donnera un peu plus de largeur à celui du milieu aux dépens des deux autres; il y aura en tout six mètres cinquante centimètres; c'est la largeur que l'on devra donner, au moins, à l'écartement des murs de la magnanerie, dans œuvre. Plus large, ce serait encore mieux. Quant à la hauteur, il faut qu'elle soit de quatre mètres au moins. Rien n'est plus nuisible que l'abaissement des plafonds.

B 3

S'il y a un plancher mobile dans le milieu de la hauteur de chaque passage, on devra donner à la magnanerie six à sept mètres de hauteur : il faut que le plafond soit séparé et éloigné du toit, trop réchauffé par le soleil.

32. La plupart des auteurs espacent les tables ou claies les unes des autres de soixante à soixante-cinq centimètres. A cause du peu de hauteur de notre bruyère, nous ne mettons que trente-huit centimètres, y compris trois centimètres pour l'épaisseur de la table, qui est en planches. C'est un motif de plus pour être obligé de donner à l'atelier une bonne ventilation.

33. Le système *Avril*, qui consiste en tables à double rang de liteaux, sur lesquelles on met du papier, et dans l'épaisseur desquelles les vers de la table de dessous montent par d'autres liteaux et y coconnent, paraît assez bon.

S'il consomme du papier, il épargne de la bruyère.

34. On a inventé beaucoup d'autres systèmes de tables mobiles fort ingénieux ; mais leur manutention offre une complication au-dessus de l'adresse de nos paysans.

35. Des tables de toile, fixées à un cadre ou châssis de bois et soutenues par des fils de fer, sont assez avantageuses. On peut, chaque année, laver les toiles.

36. On chauffera l'atelier avec un ou plusieurs poêles de briques, tel que celui que nous décrivons n° 67, et par de petites cheminées dans les angles. Dans les nouvelles magnaneries, on emploie des calorifères ; mais ces calorifères ne prenant pas dans l'atelier l'air qu'ils consomment, n'y contribuent pas autant au renouvellement de l'air. D'ailleurs, l'air chaud qu'ils y produisent ayant passé sur des tuyaux extrême-

ment chauffés ou même rouges, est trop desséché pour être salutaire. Peut-être est-ce une des causes de la non-réussite, qui a si souvent lieu dans les grandes magnaneries données pour modèle. Les poêles intérieurs, en briques, et les cheminées dans les angles, m'ont toujours donné une température bien réglée, sans touffe. On en trouvera la raison dans le chapitre qui suit, sur la ventilation.

37. La localité où l'on veut établir une magnanerie est à considérer, lorsqu'on en a le choix. Elle sera bien placée dans un site *aéré*, en plaine ou sur coteau. Mais elle sera mal placée dans un lieu *bas et humide*, où l'air ne joue pas, comme dans le creux d'un vallon, au pied d'un grand coteau, ou dans une plaine basse, couverte souvent de vapeurs et de brouillards, ou enfin contre un rocher qui renvoie une trop forte chaleur.

DE LA VENTILATION.

38. Nous avons démontré, au commencement de notre Exposé, la nécessité de ventiler ou aérer les magnaneries (voyez n° 1 et suivants), et cela, tout en conservant le degré de chaleur voulu. C'est *lentement* et *perpétuellement* que l'air doit être *renouvelé*. L'art de la ventilation en donne les moyens. Il apprend aussi à *rabaisser* la chaleur, quand le thermomètre indique qu'elle est trop élevée en dedans et en dehors.

39. Dans les magnaneries salubres, nouveau système Darcet, on emploie le *tarare*, espèce de moulinet que je ne décrirai pas ici, pour soutirer l'air

usé de la magnanerie et par conséquent forcer d'autre air à y entrer par différentes ouvertures. Ce moyen dispendieux ne saurait convenir aux magnaneries communes, pour lesquelles nous écrivons. D'ailleurs, l'expérience n'a pas démontré une réussite certaine dans ces grandes magnaneries.

40. *Cheminées d'appel.* Je préfère les cheminées d'appel, au moyen desquelles, avec une flamme passagère de fagots ou de sarments, on soutire l'air, le faisant monter par la cheminée; alors une même quantité d'air extérieur est obligée d'entrer dans l'atelier, en remplacement, par les plus petites ouvertures.

41. Mais il faut que l'air soit changé dans toutes les parties de la salle, et qu'il n'y ait pas d'endroit où il y ait stagnation de gaz malfaisants. Pour cela, il faut connaître les courants d'air qui s'établissent dans chaque partie de

l'appartement, suivant les diverses circonstances.

42. *Quand y a-t-il mouvement ascendant de l'air dans l'atelier?* Il faut savoir que lorsque l'air extérieur est froid, celui de l'atelier étant plus chaud, et par conséquent plus dilaté et plus léger, le courant d'air s'établit *de bas en haut* dans la salle, comme dans tout tuyau réchauffé. L'air qui entre par les ouvertures ou trappes du bas, se réchauffant, devient plus léger, monte et sort par les soupiraux du plafond, ainsi que les gaz légers et malfaisants, tels que le gaz hydrogène.

43. Mais tant qu'on est obligé de faire du feu dans les poêles ou les cheminées, l'air y est appelé, et il est rare que l'on pèche par défaut de ventilation. On doit seulement éviter les courants d'air froid sur les vers.

44. *Quand, au contraire, y a-t-il mouvement de haut en bas?* On a besoin de toutes les ressources de l'art de la ventilation, lorsque l'air extérieur étant trop chaud, il faut *rafraîchir* la magnancrie par l'introduction de l'air venant d'un local frais. Alors le courant d'air s'établit dans l'atelier en sens contraire. L'air extérieur entre par les ouvertures du haut de l'atelier, se condense en se refroidissant, devient plus pesant, et sort par les ouvertures du bas. Dans ce cas, ceux qui ne connaissent pas les principes de la ventilation, ouvrent les soupiraux du bas et du haut; ils croient que l'air vicié sortira par les ouvertures du haut, tandis qu'il y entre un air chaud du dehors. Ils croient qu'un air frais entrera par les ouvertures du bas, tandis qu'au contraire l'air de l'atelier s'y précipite. Telle sera la ventilation dans ce cas. La flamme d'une bougie, présentée à ces diverses ouvertures, prouvera, par son inclinaison, ce que nous disons ici.

45. *Exceptions.* Cependant, cette loi générale de physique, qui fait monter l'air de l'atelier quand il est plus chaud que l'air extérieur et le fait descendre quand il est plus frais, est souvent accidentellement modifiée par les localités. C'est ainsi qu'une cheminée que l'art du fumiste a construite pour ne pas fumer, fume cependant par quelque cause qui établit un courant en sens contraire. Alors le fumiste, comme le constructeur de magnanerie, cherchent, par des tâtonnements, à obtenir le courant qu'ils désirent. Une porte nouvelle, un trou, une fente, changent quelquefois toute la direction de l'air.

46. *Quand doit-on rafraîchir la magnanerie?* Le mal est surtout très-grand lorsque l'air est également trop chaud dans l'atelier et dehors, surtout s'il y a stagnation dans l'atmosphère, ou vent chaud du midi, et que le baromètre soit bas; temps où les viandes se corrompent en peu d'instants; où la litière fermentant, les gaz malfaisants s'exhalent en abondance, et où les hommes et les animaux éprouvent un malaise. C'est dans ce cas que l'art est nécessaire. Vainement ouvrirait-on les fenêtres du nord; il n'y entrerait rien, puisque l'air extérieur marche dans un autre sens; d'ailleurs il est trop chaud.

47. Dans ce cas, si la magnanerie est sur une cave ou si elle peut recevoir l'air traversant un local frais, il faut que ce local soit plutôt au midi ou au couchant de l'atelier qu'au nord. Fermez les ouvertures nord de ce local, afin que l'air rafraîchi ne sorte pas par là. Ouvrez dans ce local les fenêtres ou soupiraux qui sont du côté du midi, d'où arrive le vent extérieur, et cela plus ou moins, suivant qu'il souffle moins ou plus. L'air y entre et s'y rafraîchit. Que de ce local partent des *conduits* qui amènent cet air rafraîchi,

non pas dans le bas de l'atelier, mais *dans le haut*, où il sera distribué par plusieurs petites ouvertures, ne donnant pas directement sur les vers. En même temps, fermez les soupiraux ou trappes du haut de l'atelier, afin qu'il n'y entre pas d'air chaud du dehors; fermez aussi toutes les autres ouvertures du bas venant de l'extérieur, afin qu'il n'entre aucun air contrariant l'opération; puis allumez un feu clair, à grande flamme, et cela *successivement* dans plusieurs petites cheminées d'appel, basses, placées notamment dans les angles, cheminées que vous *débouchez*, à mesure que vous y mettez successivement le feu. Pendant la flambée, pour que la cheminée ne réchauffe pas, on peut mettre au-devant une planche, une couverture, etc.

48. Par cette opération, l'air passant par le local frais, sera forcément appelé dans le haut de la magnanerie,

qu'il traversera pour se rendre dans la cheminée où sera la flamme. L'air de la magnanerie sera renouvelé et rafraîchi, au point que l'on verra descendre les thermomètres.

49. Si on se contentait d'introduire l'air frais par le bas de l'atelier, il irait de suite passer par la cheminée d'appel, sans rafraîchir ni renouveler l'air de la magnanerie, surtout dans le haut, où il resterait stagnant et malsain.

50. *Expulser les gaz légers (hydrogène).* Les gaz légers et malsains ne peuvent cependant s'échapper que par le haut. Aussi, un quart d'heure après les flambées, on ouvrira les soupiraux supérieurs pendant quelques moments, et à plusieurs reprises; car il vaut mieux un air trop chaud qu'un air trop peu renouvelé.

51. *Expulser les gaz acide carbonique et pesants.* Les gaz légers ne sont pas les seuls qui soient malfaisants. Le gaz

acide carbonique qui est, au contraire, plus pesant que l'air, occupe les parties basses de l'atelier. Il est très-nuisible, surtout dans les derniers temps de l'éducation; c'est, dans le système de Dandolo, le gaz qui produit la muscardine, quand, après s'être accumulé, avec le temps, dans le corps du ver à soie, une *touffe*, ou augmentation de chaleur et de gaz, ou *un courant d'air froid*, détermine sa combinaison chimique avec les matières qui composent le ver à soie, qui se durcit en quelques heures. On chasse ce gaz par des ouvertures semblables à celle d'une boîte aux lettres, faites rez le sol de la magnanerie, en dedans, et plus élevées en dehors, afin que l'air extérieur qui y passe ne donne pas directement sur les vers, mais sous les tables. Du côté opposé de la salle doivent être des ouvertures semblables par où l'air et le gaz puissent sortir.

C 3

J'ai éprouvé qu'une magnanerie qui avait, tous les ans, des vers muscardinés, n'en a plus eus depuis que je lui ai fait faire de semblables ouvertures, qui établissent, dans le bas, un courant horizontal. Je n'y ai fait aucun changement des tables et ustensiles et aucun lavage des poussières muscardines.

52. Je ne sais si je me trompe, mais je ne vois pas que dans les magnaneries Darcet, données pour modèle, ce gaz pesant puisse être appelé dans le haut par la cheminée ou le tarare. Serait-ce là le motif pour lequel ces magnaneries, si perfectionnées d'ailleurs, n'ont pas donné des résultats aussi satisfaisants qu'on avait lieu de l'espérer?

53. *Autre moyen de rafraîchir la magnanerie.* Outre le courant d'air venant d'un local frais, ainsi que nous venons de l'indiquer, n° 47, on peut recourir à un autre moyen physique. On mouille des linges et on les étend contre ou

très-près des vitres, en dehors. Elles sont par là refroidies malgré le soleil. Lorsque les linges sont secs, on les mouille de nouveau. Le refroidissement provient de ce que le calorique, ayant plus *d'affinité* pour l'eau en vapeur que pour l'eau liquide, la vapeur du linge qui se sèche emporte avec elle le calorique de l'eau et du linge qui la contient. L'air environnant en est par là refroidi ainsi que les vitres. C'est par un procédé semblable qu'on rafraîchit une bouteille d'eau pendant la chaleur, en l'enveloppant d'un linge mouillé, dans un endroit aéré où il puisse sécher. On le mouille de nouveau avant qu'il soit tout à fait sec.

54. *Chasser l'humidité de l'air quand elle est trop considérable dans la magnanerie.* Quand l'hygromètre marque 70 degrés, il y a l'humidité nécessaire; mais s'il va à 80 ou 90, il faut sécher l'air en le renouvelant, et par des flam-

bées. Pour y parvenir, Fraissinet, d'après les nouveaux auteurs, veut qu'on place dans la magnanerie des pierres de chaux nouvellement cuite, pour absorber l'humidité. Mais, pour produire un effet sensible et durable dans un grand atelier, la dépense serait trop grande, l'humidité se renouvelant continuellement; mais ceci rentre dans l'hygrométrie, dont je crois nécessaire de faire un chapitre à part.

55. L'air et les gaz sont invisibles. C'est pour cela que l'on commet tant d'erreurs dans la construction des magnaneries et dans leur usage. Si l'on a bien compris ce que nous venons d'expliquer, on ne sera plus surpris du peu de succès dans de fort belles magnaneries, où on ne peut renouveler l'air partout lentement et perpétuellement, ni rafraîchir sans refroidir, ni réchauffer sans touffe, et dans lesquelles surtout les courants marchent dans un

sens opposé à celui dans lequel on croit les diriger; et l'on restera convaincu de la nécessité d'en réformer la construction, ou simplement l'usage, afin d'y obtenir les résultats désirables.

HYGROMÉTRIE.

56. Il est très-utile d'avoir un bon hygromètre, pour connaître si l'air de la magnanerie est trop sec, ce qui n'a lieu qu'au commencement de l'éducation; ou trop humide, ce qui arrive souvent dans les derniers temps. Dandolo parle de sel pilé, qui se mouille ou se sèche à l'air de l'atelier. Mais le meilleur moyen est d'avoir un hygromètre *à cheveu bien réglé.* Ils le sont bien rarement et trompent beaucoup.

57. On règle l'hygromètre sur un autre dont on est sûr; ou bien, on met l'hyromètre garni de son cheveu, sous un globe de verre, avec des pierres de chaux vive, nouvellement cuite. Après

une journée ou deux, on tend le cheveu, de manière à mettre l'aiguille sur 0; c'est la plus grande sécheresse. On remplace la chaux par un plat d'eau, et après un jour ou deux, à la température d'environ 15 à 18 degrés, l'aiguille doit être arrivée à 100 degrés; c'est la plus grande humidité. Si elle n'y arrivait pas, l'instrument aurait été mal divisé, ou bien le cheveu aurait été mal préparé. Pour y remédier, on diviserait de nouveau en cent parties l'espace qu'elle aurait parcouru depuis 0. Si le cheveu est rompu par quelque accident, on en met un autre, après l'avoir dégraissé, en le lavant dans de l'eau tiède, dans laquelle on aura fait dissoudre de la potasse; puis on le lave dans de l'eau pure pour enlever la potasse.

58. Dans une magnanerie, l'air doit être à environ 65 degrés. On sèche l'air en faisant entrer l'air extérieur ou en

faisant des flambées. On le rend humide, ce qui n'est que très-rarement
nécessaire, en répandant de l'eau.

59. Nous avons dit que l'humidité
était très-nuisible aux vers à soie, surtout quand il fait chaud, sur la fin de
l'éducation.

60. Il est peut-être utile pour la pratique de se former une idée juste des
lois de l'hygrométrie. Le vulgaire en a
des notions très-fausses. L'air de l'atmosphère est toujours saturé de plus
ou moins d'humidité. L'air chaud en
contient *plus* que l'air froid. On croit
généralement le contraire. Lorsqu'on
est obligé de réchauffer l'air de la magnanerie, l'air extérieur qui s'y introduit, se réchauffant, se sature de l'humidité qu'il y trouve, et par là sèche
les objets. De sorte qu'on est quelquefois obligé de répandre de l'humidité.
Ce cas n'arrive guère que lors de l'é-

closion dans l'étuve, et dans les premiers temps de l'éducation.

61. Mais, lorsqu'au contraire, dans les derniers temps, il fait plus chaud dehors que dedans, et qu'on est obligé de tenir la magnanerie plus fraîche, au degré prescrit, alors l'air qui s'introduit dans la magnanerie, y arrive plus chaud et, par conséquent, plus saturé d'humidité. Se refroidissant dans la magnanerie, il ne peut plus garder toute cette humidité, n'ayant plus la même capacité ou dilatation pour en retenir autant. Il en quitte la portion qu'il ne peut plus conserver à cette température plus basse, et la dépose sur tous les objets qu'il environne. C'est ainsi qu'une carafe pleine d'eau fraîche, en été, se couvre de vapeurs aqueuses, qui la ternissent à l'extérieur. Ce n'est pas l'eau qui traverse le verre; c'est l'air extérieur qui, se refroidissant contre

les parois du vase, y dépose un excédant d'humidité, qu'il ne peut plus garder à cette température plus basse. C'est ainsi que les caves profondes sont sèches en hiver et humides en été.

62. En résumé, l'air froid qui se réchauffe enlève l'humidité et sèche les objets. L'air chaud qui se refroidit dépose de l'humidité.

63. Par conséquent, lorsque la magnanerie mise à la température voulue, sera moins chaude que l'air extérieur, il faudra en sécher l'air en le renouvelant par des feux clairs.

64. Il y a en outre, dans les derniers temps, beaucoup d'humidité qu'exhale la feuille, et que transpirent les vers à soie, qui en mangent une si énorme quantité, *V.* n° 6. Nouveau motif pour y sécher l'air.

64 *bis.* C'est ici le lieu d'observer que, lorsque, durant les chaleurs, on est obligé de rafraîchir, il n'est pas à crain-

dre que l'air que l'on tire d'un local *frais et humide*, apporte de l'humidité. Froid, il en contient peu ; et se réchauffant dans la magnanerie, il y absorbe plutôt qu'il n'y répand de l'humidité. C'est ce qui résulte du principe résumé dans le n° 62 ci-dessus. Il a quitté dans le local frais, contre les murs et parois, son humidité atmosphérique ; vulgairement on croit tout le contraire ; mais la physique et l'expérience sont là pour nous instruire et nous guider.

GRAINE OU ŒUFS DE VERS A SOIE.

65. Nous conseillons à chacun de faire sa graine de vers à soie, au lieu d'en acheter une qui peut avoir été mal faite ou mal conservée. *Voyez* n° 247 et suivants, le moyen de choisir les cocons pour la graine, de la faire pondre et de la conserver. Je puis affirmer que depuis vingt-quatre ans, j'ai toujours réussi avec la même graine de cocons jaune pâle, un peu rosés, recueillis tous les ans dans ma principale magnanerie. Les graines mélangées qu'on achète, ayant été conservées l'été à diverses températures, éclôront à des jours différents suivant

leur degré d'avancement. Il en résultera qu'ils seront inégaux, et qu'aux mues, beaucoup non encore éveillés, resteront dans la litière.

ETUVE

POUR FAIRE ÉCLORE LES VERS A SOIE.

66. Les couveuses ou autres instruments pour faire éclore les vers à soie ne valent rien. Quelque soin que l'on prenne, on ne saurait y maintenir une température régulière. Une bonne étuve doit être un petit appartement de 3 à 4 mètres de long sur autant de large. Plus petite, elle serait exposée à des coups de feu, ou à un refroidissement trop prompt. La mienne a 4 mètres de côtés, briquetée et plafonnée en plâtre. *Dand.*, p. 50, 58 et 313.

CONSTRUCTION DU POÊLE.

—◆—

67. L'étuve devra être chauffée par un poêle *en briques*. Ceux en métal ne permettent pas d'y bien régler la chaleur. On trouvera peut-être les détails qui suivent, trop minutieux. Je les crois plus utiles que les descriptions de magnaneries modèles si compliquées èt si coûteuses. On ne saurait mettre trop de soins dans la description d'un objet d'autant plus utile, qu'il pourra être construit par le premier venu, et à peu de frais.

68. Mon poêle est placé à peu de distance de la porte d'où vient l'air froid, qu'il réchauffe d'abord. Il est bâti sur une pierre ou lauze tendre de 60 centi-

mètres de longueur sur autant de largeur, supportée elle-même par quelques
briques, laissant jouer et chauffer l'air
par-dessous. Il est construit avec des
briques de 5 centimètres d'épaisseur, de
9 centimètres de large sur 24 de long,
liées avec du mortier ou de la terre
glaise. La porte est une ouverture sur le
devant, de 18 centimètres de large sur
25 de hauteur. Cette ouverture est ensuite fermée plus ou moins avec des
briques mobiles, mises sur champ les
unes sur les autres, laissant une plus
petite ouverture entre celles du bas,
lorsque le feu n'a pas besoin d'aller
aussi vite. A 35 centimètres de hauteur
à partir de la lauze, on place dans la
construction, deux petites barres de
fer, pour supporter un plancher, que
l'on construit en briques plates plus
larges. On laisse un trou à ce plancher,
dans un des angles de derrière, d'environ 12 centimètres en tous sens. Sur

ce plancher, et à partir de ce trou, on laisse, en élevant la construction du poêle, un canal de 12 centimètres, faisant le tour, en dedans du poêle, passant vers le devant, et aboutissant à l'autre angle de derrière. Le milieu du poêle, sur ce plancher, est massif. On recouvre ce conduit et tout le poêle, avec une autre lauze, tendre, épaisse, d'environ 10 centimètres. On place, à la sortie du conduit, derrière le poêle, sous la lauze de dessus, un tuyau de tôle, coudé, dans lequel monte la fumée, et, *par un court trajet*, se jette dans une cheminée, percée vers le plafond.

69. On chauffe ce poêle avec du *bois sec*, placé sur un chenet mis en travers. Le bois vert, exigeant, pour brûler, qu'il y en ait une plus grande quantité à la fois, on courrait risque de voir le poêle trop chauffé. Si cet accident arrivait, on donnerait un peu d'air par la porte,

pour rabaisser la chaleur. On aura aussi à sa portée de la paille, du fagot sec, des copeaux, etc.

La graine à éclore sera placée loin du poêle, d'où vient l'air chaud, et loin des portes et fenêtres d'où vient l'air froid.

LE THERMOMÈTRE.

70. Le thermomètre est un instrument indispensable pour l'éducation des vers à soie. Les meilleurs sont ceux au mercure, purgés d'air, ce que l'on reconnaît par la chute rapide du mercure dans le tube, lorsqu'on le renverse. Il faut que dans le tube, la colonne du mercure soit menue, pour avoir un mouvement plus étendu, et qu'elle présente partout la même grosseur. Il faut aussi que la boule pleine de mercure soit grosse. Les thermomètres à esprit de vin coloré en rouge sont cependant plus apparents pour le cultivateur; mais il faut les bien régler

sur un autre, comme on va l'expliquer.

71. On règle un thermomètre au mercure purgé d'air, en le plongeant dans la glace pilée fondante ; et l'on marque 0 ou glace au point où il est descendu. On le plonge ensuite dans un chaudron plein d'eau bien pure qu'on chauffe jusqu'à ce qu'elle bouille. Arrivé à ce point, le mercure ne monte plus quand même l'eau continue à bouillir. On marque alors, à cette hauteur, 80 degrés, si on suit l'échelle de Réaumur, ou 100, si on veut un thermomètre centigrade. On divise, sur la planchette, l'espace du point 0 au point 80, en 80 parties égales, ou en 100 pour un centigrade. Le thermomètre, échelle de Réaumur, étant le plus usité pour les vers à soie, c'est celui dont nous nous servirons dans cet ouvrage.

71 *bis.* Avec ce thermomètre bien réglé, on pourra en régler d'autres. Pour cela, on le plonge, avec ceux que l'on

veut régler, dans un grand seau d'eau froide, à demi-plein. On chauffe cette eau, très-lentement, en y versant peu à peu de l'eau bouillante qu'on y agite. Lorsque le mercure est arrivé sur le thermomètre régulateur à 14 degrés, on marque, au crayon, ce chiffre sur ceux à régler. On indique ainsi tous les degrés, en ajoutant, peu à peu, de l'eau chaude, jusqu'à ce qu'on ait atteint le 22e degré. Cela suffit pour les vers à soie, de 14 à 22, échelle de Réaumur. Cette opération est d'autant plus importante que les thermomètres qu'on achète sont presque tous mal réglés, et trompent l'éducateur.

72. Cet instrument est le plus essentiel pour élever les vers à soie. On doit en avoir plusieurs pour les différentes parties de l'atelier. Les plus commodes sont ceux où les degrés sont bien espacés, ce qui rend leur usage plus facile pour les gens de la campagne. On

en fait à esprit de vin, qui n'ont que
les degrés à peu près nécessaires pour
les vers à soie; ils sont à régler, comme
on l'a dit; après cela ils sont très-bons.
On peut les vérifier tous les ans avant
de s'en servir : je ne me suis pas aperçu
qu'ils se soient altérés.

LE THERMOMÉTROGRAPHE.

73. Le thermomètrographe est un instrument fort utile à celui qui dirige les ouvriers d'un atelier. Il lui apprend quelle faute on a commise en son absence, ou pendant la nuit, en *trop* ou *trop peu* de chaleur. Il est composé de deux thermomètres, placés horizontalement, l'un *à maxima*, indiquant la chaleur qui a eu lieu en plus qu'au moment où on l'a réglé; et l'autre *à minima*, indiquant les degrés de chaleur qu'il a éprouvés en moins depuis ce même moment. On en use de la manière suivante :

74. Ces thermomètres ayant été placés dans la magnanerie depuis quelque

D 2

temps, à côté des thermomètres ordinaires, ceux-ci au degré voulu, on prend le thermomètre *à maxima*, qui est au mercure ; on le penche, la boule en bas, pour faire descendre un petit morceau d'acier ou de verre de couleur, qui se trouve dans le tube ; et lorsqu'il repose sur le mercure, on couche horizontalement le thermomètre dans sa boîte, qui doit être de métal, percée de petits trous. Si, par la faute de la personne qui veille, la chaleur est augmentée, le mercure pousse le morceau d'acier qui reste à ce point extrême lorsque le mercure se retire, en revenant aux degrés plus bas. On compare le degré d'étendue de cet espace avec le degré du thermomètre ordinaire, quand on revient dans l'atelier, et on connaît par là de combien a été dépassé le degré voulu. Le thermomètre *à minima* est à esprit de vin. Pour le régler, on le penche, la boule en haut.

Un petit objet léger, tel que de la moelle de sureau, noyée dans l'esprit de vin du tube, descend jusqu'à la superficie inférieure de la liqueur. Alors on le couche dans la boîte, à côté du premier. Si, dans la nuit, on a laissé descendre la chaleur de quelques degrés, l'esprit de vin, en se retirant, ramène avec lui, dans le tube, le petit objet. Mais lorsque la chaleur revient, l'esprit de vin s'étend dans le tube, sans que ce petit objet change de place. Il a été attiré, mais il n'est point repoussé par l'esprit de vin, qui le dépasse. C'est l'espace dépassé, qui, joint à l'état actuel du thermomètre ordinaire, indique de combien de degrés la chaleur a été en dessous du point voulu.

75. Après avoir couché ces thermomètres dans leur boîte métallique, lorsqu'on les a réglés, on la ferme à clef, afin qu'on ne la remue point pour corriger ou masquer la faute commise pen-

dant la nuit. La boîte aura été vissée, à demeure, en dedans, sur une table solide au centre de l'atelier.

LE BAROMÈTRE.

76. Le baromètre est très-utile à consulter par l'éducateur des vers à soie. Quand il indique la pluie, on se pourvoit de feuille en plus grande quantité. Quand il est bas, on purifie l'air. On aura soin de régler son baromètre sur un autre reconnu bon dans le même pays, c'est-à-dire, situé à la même hauteur; car il varie du coteau à la plaine. Si les degrés sont différents, on colle, sur la planche, une autre division des degrés, plus haut ou plus bas.

LOCAL FRAIS

POUR CONSERVER LA FEUILLE.

77. Il est essentiel d'avoir un local frais pour conserver la feuille pendant un, deux, ou trois jours, au besoin. Elle est meilleure, d'après Dandolo, donnée six ou huit heures après qu'elle a été cueillie, à moins que ce ne soit aux vers à soie très-jeunes, qui réclament une feuille tendre et nouvelle. On doit prévoir la pluie et en cueillir pour deux ou trois jours.

78. Ce local doit être assez grand pour que la feuille n'y soit entassée qu'à 30 ou 50 centimètres; une cave, un cellier sont bons.

79. Que ce local soit *obscur*, qu'il soit *sans courant d'air*, plutôt *humide* que sec. Il y a des raisons physiques pour ces trois conditions, qu'il serait trop long d'expliquer ici.

COUPE-FEUILLE.

80. Quoique les jeunes vers à soie percent quelquefois les nouvelles feuilles tendres qu'on leur donne, en général, c'est par un bord qu'ils entament la feuille qu'ils mangent. Il est tout à fait essentiel de la leur couper, afin que ces milliers de petites bouches trouvent toutes un bord à mordre. Autrement, les vers qui ont été privés de cet avantage cessent d'être égaux aux autres. On est en usage de leur couper la feuille avec un couteau bien affilé. Si l'instrument n'est pas très-tranchant, il altère la feuille.

81. Pour accélérer ce travail, long par lui-même, on a inventé plusieurs

espèces de *coupe-feuille*. Le meilleur que j'aie connu est celui inventé par M. Deshommes, coutelier à Saint-Marcellin (Isère), pour lequel il a obtenu une prime de la Société d'agriculture de cette ville. Avec cet instrument, on coupe la feuille aussi menu que l'on veut. La main gauche fait passer la feuille par une lunette, dans laquelle elle la presse. La main droite fait mouvoir une lame, large comme la lunette, qui coupe à la manière de l'outil des sabotiers, avec cette différence essentielle, que la lame, en descendant, coupe la feuille en sciant, ou glissant en avant, comme le tranche-lard sur le jambon. Ainsi coupée, la feuille n'est nullement altérée. Il faut un peu de pratique pour *presser* la feuille plus ou moins fortement, suivant le besoin, avec la main gauche, et ne pas se couper le bout des doigts. Le prix de cet instrument n'est que de 20 francs, qu'on gagne en peu de temps, par l'économie de feuille et de temps que cet instrument procure.

82. Lorsque les vers à soie avancent en âge, on coupe la feuille moins fin. Alors, pour aller plus vite, on peut adapter à l'instrument une planchette mobile, qui, placée en avant, à quelque distance de la lame, ne permette à la feuille de sortir par la lunette que de la longueur qu'on veut couper, et qui, se baissant un peu plus vite que la lame, laisse tomber la feuille coupée. J'ai vu un pareil mécanisme.

BOUTEILLE A GAZ PURIFIANT.

83. Les auteurs donnent le moyen de répandre dans l'atelier un gaz propre à purifier l'air. Pour un atelier de cinq onces, prenez 60 grammes d'oxide noir de manganèse (peroxyde de); 180 grammes de sel commun pilé; mêlez le tout et mettez-le dans une bouteille d'un litre, avec 80 grammes d'eau. On bouche la bouteille avec un bouchon qui, entrant peu, soit facile à déboucher à la main. On a, dans un flacon bouché à l'émeri, d'un quart de litre environ, de l'acide sulfurique. Quand on veut opérer, on remplit de cet acide un petit verre à liqueur pour mesure, qu'on verse dans la grande bouteille. Il

E

s'en dégage, à l'instant, une vapeur de
chlore, qu'il faut bien se garder de res-
pirer, en mettant le nez sur la bouteille, parce qu'elle est trop intense.
On tient la bouteille élevée et on la
promène dans l'atelier. Ce gaz, mêlé à
l'air, y détruit ou neutralise les autres
gaz malfaisants, dessèche les matières
fécales et produit un bien-être pour les
personnes comme pour les vers à soie.
Cependant, je ne m'en sers que dans
les derniers temps de l'éducation, ou à
l'approche d'un orage (*V.* 195 et suiv.).
L'acide sulfurique brûle les mains et
les vêtements qu'il touche. Il pourrait
tuer la personne qui en boirait, le prenant pour une bonne liqueur. Il faut
le tenir dans un endroit où personne
ne puisse s'y tromper. La bouteille à
gaz sera tenue bouchée, après chaque
fumigation, posée loin du feu, et haut
dans l'atelier, attendu que le gaz qui
s'en échappe, étant plus pesant que

l'air, tend à descendre. On peut, sans inconvénient, la laisser débouchée, si l'endroit est aéré.

84. Pour un atelier de moins de cinq onces, on diminue les doses proportionnellement.

FEUILLE MOUILLÉE; LA SÉCHER.

85. On fera bien d'avoir, pour ceux qui cueillent la feuille en temps de pluie, des blouses en toile cirée, ou imperméable, à capuchon, manches courtes, liées au-dessus du coude, etc.

86. Dandolo indique, pour moyen de sécher la feuille, de la secouer dans un drap de lit, etc., page 162.

87. A ces moyens, je puis ajouter le procédé suivant, que j'ai pratiqué avec succès, et qui est bien plus prompt. Etendez la feuille mouillée, à terre, sur un drap de lit; ayez plusieurs serviettes ou torchons *presque usés*. Promenez ces linges parmi la feuille; ils s'impré-

gneront de la mouillure. Pendant qu'on fait sécher les uns, sur une corde, près d'un grand feu, on remue les autres parmi la feuille. Après quelques opérations semblables, elle sera essuyée et presque sèche. Exposée à l'air quelques instants, dans une fenière vide, par exemple, elle achèvera de sécher complétement en peu de temps.

---

87 *bis*. *Tablettes de transport.* Ce sont de petites planches minces, d'environ 65 centimètres de long sur 35 de large, au milieu desquelles sont des clous ou un bouton pour les transporter. Au besoin, on les couvre de papier ou de toile.

E 3

TABLEAU.

88. Le tableau ci-contre résume toute l'éducation, pour une once (31 grammes).

On suppose ici que la feuille est pesée après avoir été mondée avec soin, au commencement, et grossièrement dans les derniers âges des vers à soie.

Le premier âge se compte du lendemain de l'éclosion. Chaque âge se termine au réveil, après la mue; ainsi, le premier âge comprend la première mue; le 2e âge comprend la deuxième mue, etc.

AGES.	JOURS de durée	ESPACE en mètres et décimèt. carrés.	LON-GUEUR des tables larges de 1m30c.	TEMPÉRATURE Réaumur.	FEUILLE en kilogr.
1er	5 j.	1m00	0m81c	19 degrés.	3 kil.
2e	4 j.	1m88d	1m60c	18 degr. 1/2	9 kil.
3•	6 j.	4m55d	3m70c	17 degr. 1/2	30 kil.
4e	7 j.	11m00	8m65c	17 degrés.	90 kil.
	1er j.	......	......	......	18 kil.
	2e j.	......	......	......	27 kil.
	3e j.	......	......	......	42 kil.
	4e j.	......	......	......	54 kil.
5e	5e j.	25m00	20m30c	16 degr. 1/2	81 kil.
	6e j.	......	......	......	98 kil.
	7e j.	......	......	......	90 kil.
	8e j.	......	......	......	66 kil.
	9e j.	......	......	......	50 kil.
	mont	......	......	......	24 kil.
Feuille totale, mondée...........					682 kil.
Feuille sortant de l'arbre.........					805 kil.

Mais s'il y a beaucoup de mûres, il en faut davantage. M. Brunet de la Grange

E 4

veut 1000 kilogrammes de feuille par once de 31 grammes.

A la température indiquée dans ce tableau, on voit que les vers ont mangé *la moitié* de la feuille après le 4ᵉ jour du 5ᵉ âge; mais à la température de 18 degrés, le 5ᵉ âge ne durant que de 7 à 8 jours, la moitié est mangée après le 3ᵉ jour; plus tôt, s'il fait plus chaud.

On fera bien d'augmenter l'espace énoncé au tableau, surtout dans les premiers âges.

ÉDUCATION

DES VERS A SOIE,

ET SOINS A LEUR DONNER CHAQUE JOUR.

89. Ici, seulement, commence le manuel journalier que je m'étais d'abord proposé de rédiger pour l'usage de diverses personnes, qui me l'avaient demandé. Tout ce qui précède ne contient que les notions nécessaires et les préparatifs. Mais de là dépend la réussite. J'ai cru devoir, à l'inverse des divers auteurs sur la matière, placer en tête ce qui est réellement le commencement, et dont on a dû préalablement s'occuper.

E 5

90. Nous indiquerons, n° 247 etc., les moyens d'avoir de bons œufs de vers à soie. Nous en avons fait sentir l'importance n° 65 ; nous n'y reviendrons pas ici. En général, on néglige trop de se procurer de la bonne graine.

DÉTACHER LES OEUFS DES LINGES.

91. *Epoque.* Vers la fin de mars.

92. *Opération.* Faire tremper les linges en les agitant dans l'eau, à 9 ou 10 degrés de température, pendant 6 minutes. — Les égoutter pendant 2 ou 3 minutes. — Détacher la graine avec un couteau à tranchant uni et un peu émoussé, pour ne pas l'entamer, et cependant passer dessous. — Laver les œufs dans de l'eau au même degré. — Diviser légèrement les œufs bons et agglomérés, afin de les faire tomber au fond de l'eau. — Enlever les œufs jaunes et mauvais qui surnagent. —Ecouler, et relaver dans du vin léger mêlé d'un tiers d'eau. —Etendre la graine sur

E 6

un linge, à l'ombre, au frais, sur le car-
relage d'un étage bien sec, sur lequel
on la change de place, plusieurs fois,
jusqu'à ce qu'après deux ou trois jours,
elle soit sèche. — Diviser légèrement
les grains trop agglomérés. — Conserver la graine dans des assiettes ou boîtes, où il n'y en ait que l'épaisseur de
deux à trois centimètres au plus, et
dans un lieu sec, de 6 à 10 degrés de
température, ou au plus 12.

ECLOSION.

—◦◦◦—

93. Nous avons déjà fait observer que si on fait éclore des graines pour plusieurs personnes, il faut qu'elles aient été soignées à la ponte à la même température, et surtout conservées, pendant l'été, au même degré de chaleur ; autrement, elles n'écloront pas en même temps, et l'on ne pourra pas donner facilement, dans l'étuve, le degré de chaleur convenable à chacune, suivant son degré d'avancement.

94. *Epoque.* Quand la poussée des mûriers, et l'état de la saison, font juger que dans dix jours il y aura de la feuille pour nourrir les vers, *avec continuité*, on mettra éclore. Il vaut mieux

se tromper en mettant les vers plus tard que plus tôt, à cause des froids qui retardent souvent la croissance de la feuille. Cependant, trop tard, on doit craindre une feuille trop dure, et un temps trop chaud pour la fin de l'éducation. *V.* Dand., p. 63, 75, à la note, 94 et 66.

95. *Peser* la graine. En calculer le poids suivant la feuille que l'on a. Il faut environ huit cents à neuf cents kigrammes de feuille sortant de l'arbre, pour une once de 31 grammes; même mille kilogrammes, s'il y a beaucoup de mûres. *V.* le tableau n° 88.

96. Dandolo, p. 67, veut qu'on mette un peu plus de graine, pour jeter les vers qui écloront le premier jour, et qui sont ordinairement peu nombreux; autrement, s'ils sont considérables le premier jour, je les mets à part, et je ne les jette que plus tard, lorsque je puis mieux en apprécier la quantité.

Souvent aussi je les garde. Fraissinet prétend que ce sont les meilleurs.

97. Les *boîtes d'éclosion* devront avoir un décimètre carré par chaque once ; c'est plus que Dandolo et moins que Fraissinet. La hauteur des rebords sera de 1 à 2 centimètres, suivant l'étendue. On étiquette ces boîtes d'un numéro correspondant à celui d'un registre ou journal, où l'on écrit l'étendue de la boîte, la quantité de graine qui s'y trouve, le nom de la personne ou du domaine à qui elle appartient, l'époque de la mise à éclore, ainsi que tout ce qui concernera l'éducation des vers à soie.

98. *Température* de l'étuve. *Dandolo,* page 64.

1er et 2e jour. 14 degrés Réaumur.
3e jour 15   *Id.*
4e jour 16   *Id.*
5e jour 17   *Id.*
6e jour 18   *Id.*

7e jour. . . . 19 degrés Réaumur.

8e jour. . . . 20   *Id.*

9e jour. . . . 21   *Id.*

10e, 11e et 12e 22   *Id.*

Nota. Remuer la graine une ou deux fois chaque jour, avec une cuiller mince, ou une carte.

Après le 18e degré, mettre un vase plein d'eau sur le poêle, pour rendre l'air moins sec. S'il y a vent sec du nord, arroser l'étuve. Hygromètre à environ 70 degrés.

99. Avoir de petits *bouquets* de jeunes feuilles pour lever les vers qui éclosent.

100. Auparavant, il faut avoir mis dans les boîtes, sur la graine, du papier mince, percé de trous d'un à deux millimètres, éloignés de 5 à 6 millimètres les uns des autres. On perce ce papier avec un emporte-pièce de la dimension voulue. *Dandolo*, p. 67 et 315.

101. Les vers éclosent ordinairement en trois jours. Comme on l'a dit, on *peut* jeter ceux du premier jour s'ils sont peu nombreux, afin d'avoir moins

d'embarras à les égaliser aux autres. S'ils sont nombreux, on les garde. Dans tous les cas, on peut garder quelque temps ceux qu'on veut jeter, afin de pouvoir mieux en évaluer la quantité.

102. Les vers naissants ne doivent être ni roux, ni noirs, mais châtains. *Dandolo*, p. 68.

103. Pendant une ou deux heures, on laisse les vers nouveau-nés dans la partie la moins chaude de l'étuve; puis on les *transporte* dans la partie la plus chaude du *petit atelier*, afin qu'ils n'éprouvent pas un refroidissement trop brusque.

104. Les levées doivent être suffisamment garnies sur les boîtes. Pour les lever, on se sert de petits *crochets* ou de grandes épingles noires, un peu courbées; ceux qui les prennent avec les doigts doivent nécessairement offenser des êtres aussi délicats. *Dandolo*, p. 73 et 83.

105. Des claies ou corbeilles portatives, garnies de papier au fond et sur
les côtés, sont très-commodes pour y
placer les vers. Inscrire sur le bord,
d'une manière apparente, le numéro
de la boîte, ainsi que le jour et l'heure
de chaque levée. Si on a porté la boîte
dans le petit atelier, on ne tardera pas
à la reporter dans l'étuve, pour ne pas
arrêter le surplus de l'éclosion. Le
mieux serait d'avoir opéré dans l'étuve.
On place toujours les derniers éclos
dans la partie la plus chaude du petit
atelier, reculant les autres.

PETIT ATELIER.

106. *Température.* Elle doit être à
19 degrés Réaumur dans le petit atelier. En cas de manque de feuille, on
peut rabaisser la chaleur, après chaque espace de 6 heures, d'un degré
chaque fois, sans descendre plus bas

que 16 degrés, *Dandolo*, p. 74. Fraissinet ne pousse la chaleur qu'à 21 degrés pour l'éclosion ; et durant le reste
de l'éducation, il les tient à un degré
plus élevé que Dandolo. Mais j'ai
éprouvé qu'alors il y a moins d'ensem-
ble dans l'éclosion, qui dure plus longtemps. Et quant aux degrés de chaleur
pour l'éducation, ceux prescrits par
Dandolo sont préférables, à cause de la
fermentation de la litière, et du dégagement des mauvais gaz qu'on évite.

107. *Espace.* Un mètre carré par
once de 31 grammes ; espace qu'on remplit peu à peu jusqu'à la première mue.
Si on diminue cet espace en largeur,
on l'augmente en longueur. Sur cet espace, on place quatre feuilles de papier, sur chacune desquelles on forme
avec les vers que l'on lève de la boîte,
un petit carré de 27 centimètres de
côté. Par la suite, en donnant la feuille,
on étendra successivement, de ma-

nière à ce que les quatre carrés étant plus tard réunis, avant la première mue, tout l'espace soit occupé; ou bien, au lieu de former des carrés, on place les vers par bandes étroites, qu'on élargit en donnant la feuille.

108. S'il a y plus de vers dans un endroit que dans un autre, on y met un petit bouquet de deux ou trois feuilles, qu'on lève avec le crochet, lorsqu'il est garni de vers, et on le transporte où il y en a moins.

109. *Feuille.* La feuille des jeunes pousses des mûriers sauvages, est la meilleure. Elle doit être tendre, *mondée* avec soin, ôtant jusqu'aux queues des feuilles. Il faut la couper *très-menu*, avec un couteau très-tranchant ou le coupe-feuille, n° 80, afin que chaque ver trouve un bord à mordre. Autrement ceux qui manquent un repas restent plus petits et plus tardifs, enseve-

. lis dans la litière au réveil des autres, après la mue.

110. Dès que les vers sont levés, il faut leur donner un repas suffisant pour qu'ils trouvent tous à mordre. Ensuite continuer les repas de six en six heures, seulement pour les premiers nés. On les égalise ensuite en donnant à ceux derniers éclos des repas plus fréquents; par exemple, à trois ou quatre heures d'intervalle, tenant ces derniers dans l'endroit le plus chaud de l'atelier.

111. Quand ils auront autant de repas les uns que les autres, ils seront égaux; point essentiel pour les mues et pour la simultanéité à la montée.

112. Sur la fin de l'éclosion, on soulève le papier percé et on souffle les coques écloses qui sont blanches et légères. La bonne graine éclot en totalité après cette opération, qui la laisse seule dans le fond de la boîte.

PREMIER AGE.

113. Cet âge commence le lendemain de l'éclosion, et se termine après
la première mue, au réveil des vers.

114. Cet âge dure cinq jours, non
compris les deux jours de l'éclosion. Il
dure un peu plus, au-dessous de 19 degrés.

115. On continuera les soins prescrits n° 110, pour égaliser les vers.

116. *Espace.* Nous avons déjà dit que
l'espace que doivent occuper les vers à
soie, nés d'une once d'œufs, jusqu'à la
fin de cet âge, doit être au moins d'un
mètre carré. On peut le retrécir en l'al-
longeant, suivant la largeur des claies
ou corbeilles, garnies de papier.

117. *Température.* On la maintiendra nuit et jour à 19 degrés, échelle de Réaumur.

118. Nous avons dit que chaque jour on doit étendre les vers de manière à ce qu'un jour ou deux avant la mue, l'espace soit tout occupé. *V.* nos 107 et 108.

119. *Feuille.* Durant cet âge, les vers mangent 3 kilogrammes de feuille, mondée, coupée très-menu, répartie comme on va le voir pour chaque jour.

PREMIER JOUR DU PREMIER AGE.

120. *Feuille.* Il faut pour cette journée, par once d'œufs, 4 hectogrammes de feuille mondée, tendre, coupée *très-menu* (*V.* 109), divisée en quatre repas pour les premiers nés, et en six repas pour les derniers éclos. Le premier

repas moins fort, et les autres toujours
en augmentant.

DEUXIÈME JOUR DU PREMIER AGE.

120 *bis. Feuille.* 6 Hectogrammes en
quatre et en six repas, comme au premier jour ; les derniers repas plus considérables que les premiers.

121. Elargir l'espace occupé par les
vers. *V.* nᵒˢ 107 et 108.

TROISIÈME JOUR DU PREMIER AGE.

122. *Feuille.* 1 Kilogramme tendre,
mondée, coupée très-menu, distribuée
en quatre repas égaux, sur lesquels on
prélève un ou deux petits repas intermédiaires qu'on leur donne.

123. Elargir en donnant la feuille,
ou en levant des vers qu'on fait monter

sur des bouquets de feuille là où il y en a trop. *V.* nos 107 et 108.

———

QUATRIÈME JOUR DU PREMIER AGE.

124. *Feuille.* 7 Hectogrammes mondée, coupée menu ; les premiers repas plus forts que les derniers. Petits repas intermédiaires, comme au jour précédent.

125. Elargir comme sus est dit. *V.* nos 107 et 108.

———

CINQUIÈME JOUR DU PREMIER AGE.

126. *Feuille.* 1 Hectogramme et demi mondée, coupée très-menu ; de qualité tendre.

127. Ils s'endorment ; première mue. Elle dure, d'après Fraissinet, 24, 30 ou 36 heures.

F

DEUXIÈME AGE.

128. Cet âge dure quatre jours, à la température indiquée.

129. *Espace.* 1 Mètre carré et 88 décimètres carrés, ou longueur de table, 1^{m}60 sur 1^{m}30 de large.

130. *Température.* 18 Degr. 1/2. — Dix-huit degrés et demi.

PREMIER JOUR DU DEUXIÈME AGE.

131. *Feuille.* 1 Kilogramme de petits bouquets de feuille pour lever les vers, et 1 kilogramme de feuille tendre, mondée, coupée *très-menu*, de qualité fine ou sauvage.

132. Ne lever les vers que lorsqu'ils sont presque tous éveillés, dût-on laisser les premiers réveillés vingt heures sans les changer ni les faire manger.

133. L'emploi de filets à mailles fines, ou de papier percé de petits trous, est fort commode pour les lever. Cependant, comme il faut les placer sur des claies ou tables, ou plutôt des corbeilles portatives, et cela par bandes plus étroites, et qu'il faut avoir des filets ou du papier *aussi étroits* que la bande à former, la plupart préfèrent alors transporter les corbeilles près les unes des autres, et se servir du *crochet* pour les lever, surtout à cet âge, où ils sont encore dans des claies portatives. Mais le papier percé est préférable, parce qu'il laisse moins de vers sur la litière ; d'ailleurs, on peut couper des bandes de papier aussi étroites que l'on veut. On peut aussi les placer en travers, et ensuite en les posant chargées de vers sur le nouvel emplacement, on laisse des espaces vides entre les poses, ce qui revient au même ; car on peut toujours élargir les bandes en donnant à manger, dans quel sens qu'elles soient placées.

135. Les bandes de vers devront occuper un peu plus de la moitié de l'espace préparé, n° 129.

136. Faire, au besoin, une seconde levée, et jeter le peu de vers qui dorment encore.

137. Une heure ou deux après, donner un repas de 3 hectogrammes de feuille coupée, n° 131.

138. Puis, à environ six heures de distance, donner le restant de la feuille, en deux repas, l'un de 3 hectogrammes, l'autre de quatre hectogrammes.

DEUXIÈME JOUR DU DEUXIÈME AGE.

139. *Feuille.* 3 Kilogrammes qualité fine ou sauvage, mondée, coupée menu.

140. *Repas.* Quatre de six en six heures. Les deux premiers un peu moins copieux que les autres. Donner, en élargissant, pour arriver le soir aux deux tiers de l'espace.

141. S'il y a des endroits trop surchargés de vers, y mettre de petits bouquets de feuille, pour les lever et les porter où il y en a moins.

142. Fraissinet les délite le matin, avant la mue; c'est fort bien, s'il n'y en a pas qui, déjà endormis, ne monteraient plus sur la feuille. Si on le craint, ne pas déliter.

TROISIÈME JOUR DU DEUXIÈME AGE.

143. *Feuille.* 3 Kilogrammes 3 hectogrammes, mondée, tendre, qualité fine ou sauvage, coupée menu. Les deux premiers repas plus forts que les deux autres.

144. Quelques vers s'endorment.

———

QUATRIÈME JOUR DU DEUXIÈME AGE.

145. *Feuille.* 1 Kilogramme, tendre, fine ou sauvage, mondée, coupée menu.

146. Tous s'endorment dans le jour.

147. Préparer l'espace pour l'âge suivant.

TROISIÈME AGE.

148. Cet âge dure six jours à la température indiquée.

149. *Espace.* 4 mètres 55 décimètres carrés, ou tables de 3^{m}70 de long sur 1^{m}30 de large, compris les rebords.

150. *Température*, 17 degrés 1/2.

PREMIER JOUR DU TROISIÈME AGE.

151. *Feuille.* 1 Kilogramme 5 hectogrammes de petits bouquets pour lever les vers; et autant de feuille tendre, fine ou sauvage, mondée, coupée un peu moins fine.

152. Ne lever les vers que lorsqu'ils

sont presque tous éveillés, dût-on laisser écouler plus de vingt-quatre heures après les premiers éveillés. Se servir de petits crochets, ou mieux de papier percé ou de filets à mailles moyen-
nes. *V.* nº 133.

153. Le premier repas se compose
des bouquets de feuille qui ont servi à
les lever; 1 kilogramme 5 hectogrammes.

154. Le deuxième repas, 8 hectogrammes de feuille coupée.

155. Egaliser les vers, les levant là
où ils sont trop épais; les portant où
il y en a moins.

156. Troisième et dernier repas, 8
hectogrammes de feuille. On verra cependant s'il faut un quatrième repas.

157. Mettre à part les derniers éveillés et les tenir plus au chaud que les
premiers. *V.* nºs 110 et 111.

DEUXIÈME JOUR DU TROISIÈME AGE.

158. *Feuille* mondée, coupée, 9 kilogrammes.

159. Les deux premiers repas plus petits que les deux autres.

160. Elargir l'espace occupé en donnant à manger.

— —

TROISIÈME JOUR DU TROISIÈME AGE.

161. *Feuille.* 10 Kilogrammes, mondée, coupée, donnée en quatre repas, le premier et le second plus copieux que les deux autres.

162. A la fin de la journée, l'appétit des vers diminue sensiblement. Par conséquent, le dernier repas doit être le plus petit, en feuille tendre, fine ou sauvage.

163. Fraissinet les délite aujour-

d'hui, ce qui est toujours fort bien, quoique Dandolo ne le prescrive pas. Les filets ou le papier percé de trous convenables en rendent l'opération plus facile.

———

QUATRIÈME JOUR DU TROISIÈME AGE.

164. *Feuille* mondée, coupée, qualité fine et tendre, 5 kilogrammes 5 hectogrammes.

165. *Repas.* Quatre; les plus forts les premiers, les derniers les plus faibles, et à ceux seulement qui en ont besoin.

166. Si, sur la même table, ils sont assoupis seulement en partie, donner un peu de feuille, une heure ou deux après le repas précédent.

———

CINQUIÈME JOUR DU TROISIÈME AGE.

167. *Feuille.* 3 Kilogrammes, mondée, tendre, fine ou sauvage, coupée menu, qu'on distribuera seulement où le besoin se fera connaître.

167 *bis.* Les vers jettent en ce moment une bave soyeuse, qui leur servira à retenir leur vieille peau dans la litière, lorsqu'ils se réveilleront.

168. Que l'air de l'atelier soit fort peu agité, quoique légèrement renouvelé.

SIXIÈME JOUR DU TROISIÈME AGE.

169. Les vers commencent à s'éveiller.

170. Ne leur donner à manger ou les lever que lorsqu'ils sont presque tous éveillés. Les premiers éveillés sur les tables peuvent attendre un jour et plus.

QUATRIÈME AGE.

━━●○○●━━

171. Cet âge dure sept jours, à la température indiquée.

172. *Espace.* 11 Mètres carrés, ou 8^m68 de tables en longueur, sur 1^m30 de large.

173. On les transporte ordinairement dans le grand atelier, qui, pour la fin de l'éducation, doit pouvoir contenir, pour chaque once, 25 mètres carrés, ou 20^m30 de longueur de tables, larges de 1^m30, outre les passages. *V.* n° 31.

174. *Température.* 17 Degrés Réaumur. Si, *forcément*, la température s'élevait au-dessus, on donnerait plus d'air. L'éducation allant alors plus vite, cet âge se terminerait avant les sept jours.

175. Dans la longueur des 8^{m}68, on forme une bande de vers, qu'on élargit successivement. On peut se servir avec avantage de filets ou papier percé. Alors, on le place en travers, laissant un espace vide entre chaque pose, etc. *V.* n° 133.

176. Après avoir observé ce qui est prescrit, n° 170, mettre les premiers éveillés dans l'endroit le moins chaud de l'atelier, et mettre les derniers éveillés, ou de dernière levée, dans la partie la plus chaude; et, s'ils sont tardifs, les tenir un peu plus écartés avec un peu plus de nourriture.

PREMIER JOUR DU QUATRIÈME AGE.

177. *Feuille.* 3 Kilogrammes 8 hectogrammes de petits rameaux pour le-

ver les vers, et 6 kilogrammes de feuille
fine ou sauvage, mondée, coupée grossièrement.

178. Placer sur des tables séparées
les vers de la deuxième levée.

179. *Repas.* La feuille est divisée en
trois ou quatre repas bien consommés.
Mais s'il en reste, elle sera pour le lendemain.

———

DEUXIÈME JOUR DU QUATRIÈME AGE.

180. *Feuille.* 16 Kilogrammes 4 hectogrammes, mondée, coupée grossièrement.

181. *Repas.* Les deux premiers les
plus petits, et les derniers les plus copieux.

182. Elargir, en donnant la feuille.

———

TROISIÈME JOUR DU QUATRIÈME AGE.

183. *Feuille.* 23 Kilogrammes 5 hec-

togrammes, mondée, coupée grossièrement.

184. *Repas.* Les deux premiers doivent être les plus petits, et le dernier
des quatre, le plus fort.

QUATRIÈME JOUR DU QUATRIÈME AGE.

184 bis. *Feuille.* 25 Kilogrammes 5
hectogrammes, mondée.

185. *Repas.* Les trois premiers repas, à peu près égaux; le quatrième di-
minué d'un tiers.

186. Fraissinet délite aujourd'hui,
ce qui est toujours très-bien. Déliter
plus tôt, si la température trop chaude
a fait rapprocher la mue.

CINQUIÈME JOUR DU QUATRIÈME AGE.

187. *Feuille.* 12 Kilogrammes, 8 hectogrammes, mondée. Le premier repas,
le plus grand.

188. Une grande partie des vers s'endorment dans cette journée.

189. On ne doit distribuer la feuille qu'en proportion du besoin, et seulement sur les tables où l'on aperçoit des vers encore éveillés.

SIXIÈME JOUR DU QUATRIÈME AGE.

190. *Feuille.* 3 Kilogrammes 5 hectogrammes, mondée, qualité fine ou sauvage, distribuée où il est besoin. Ils dorment.

SEPTIÈME JOUR DU QUATRIÈME AGE.

191. Les vers s'éveillent dans cette journée, et terminent leur quatrième âge.

CINQUIÈME AGE.

192. Cet âge dure neuf jours à la température indiquée de 16 degrés 1/2. Mais, si forcément elle est de 18 degrés jusqu'à la montée, alors il ne dure que sept à huit jours.

193. Le cinquième âge est le plus long, le plus difficile à bien conduire, et le plus décisif; il exige de la part du magnanier des connaissances en physique. Etudiez l'article *ventilation*, nº 38; *hygrométrie*, nº 56; *bouteille à gaz purifiant*, nº 83; *feuille à sécher*, etc., nº 85.

194. Les ennemis à combattre sont : Premièrement, une incroyable quan-

G 3

tité de *vapeurs aqueuses*, dégagée de la feuille et de la grande transpiration des vers à soie. *V.* nos 6, 61, 63. Ces vapeurs aqueuses, relâchant la peau des vers, détruisent leurs forces vitales.

Secondement, les *émanations méphitiques* qui altèrent la vitalité, en viciant l'air. La qualité humide et chaude de l'atmosphère, provoque une fermentation de la litière, et une exhalaison de gaz malfaisants qui corrompt tout.

Troisièmement, la *touffe*, qui est une augmentation *dans l'atelier*, de chaleur étouffante, d'humidité et de gaz malsains. Elle a ordinairement lieu par un temps chaud, baromètre bas, aux approches d'une pluie, d'un orage électrique, du tonnerre, etc. Fraissinet dit, avec raison, que c'est avant, plutôt qu'après un temps pareil qu'est le danger. Alors, il n'existe presque plus d'air respirable dans l'atelier, et les animaux comme les hommes en sont affectés. A ce moment, les maux sont tout à coup augmentés par cette recrudescence, et des maladies tellement mortelles s'en suivent, qu'on voit souvent périr tous les vers à soie d'une magnanerie en peu d'heures.

195. *Remèdes.* Chasser l'*humidité.* On reconnaît qu'elle est trop grande quand le sel pilé se mouille, ou que l'hygromètre marque plus de 75 degrés. On doit toujours supposer que l'humidité est trop grande par un vent du midi trop chaud dans le dehors. *V.* n° 61. On chasse l'humidité intérieure par plus de renouvellement de l'air, et surtout par des flambées passagères à grande flamme. Si la feuille est mouillée, on la sèche bien. *V.* n° 85.

196. Chasser ou détruire *l'air méphitique.* L'obscurité favorise la corruption. On devra donc donner dans l'ate-

lier tout le jour qu'on pourra, sans trop réchauffer, évitant les rayons du soleil sur les vers. Par la *ventilation*, on chasse l'air méphitique, n° 38. Par la *bouteille à gaz purifiant*, on détruit le méphitisme en corrigeant l'air. *V.* n° 83.

197. On remédie à une trop grande *chaleur* de l'atmosphère par une bonne ventilation venant d'un local frais, mouillant des linges en dehors des vitres, etc. *V.* nos 47, 53.

198. Enfin, on empêche la *touffe*, recrudescence de tous ces maux, en donnant beaucoup d'air au moment du danger, en faisant de grandes flambées, et promenant la bouteille à gaz.

199. *Espace.* 25 Mètres carrés ou 20m30 de longueur de tables ayant 1m30 de large. Des rebords aux tables sont utiles pour empêcher aux vers de tomber, ou bien on tend des bandes

de toile étroites autour de la table la plus basse, afin d'amortir la chute.

200. *Température.* Entre 16 et 17 degrés pendant tout le cinquième âge. Si on ne pouvait pas, par les soins prescrits à l'article de la *ventilation*, n° 47 et suivants, rabaisser autant la chaleur, on y remédierait autant que possible, en renouvelant l'air plus soigneusement, et en délitant plus souvent.

PREMIER JOUR DU CINQUIÈME AGE.

201. *Feuille.* 9 Kilogrammes de petits rameaux pour lever les vers, si on opère avec la main, ou de feuille ordinaire si on opère avec les filets ou le papier percé; plus, pour les repas, 9 kilogrammes de feuille mondée, qualité fine ou sauvage.

202. Lever les vers, et les replacer

sur tout l'espace de 20m30 de long; mais n'occupant qu'un peu plus de la moitié de la largeur de la table. Dandolo, qui opère ainsi, se sert des petites tables de transport décrites n° 87 *bis*.

203. Aujourd'hui on se sert de filets, ou de papier percé à gros trous. Alors on les place en travers des tables, et après avoir nettoyé, on les replace, en laissant entre deux poses un espace vide un peu plus large que le filet ou papier; car l'espace qui sera nouvellement occupé doit être plus que double. En opérant avec les filets ou papier percé, on épargne beaucoup de main-d'œuvre. En opérant avec la main, on évite la dépense d'achats de filets ou de papier. Dans les deux cas, la réussite est la même. Les trous du papier sont plus grands que lorsque les vers sont petits.

204. Après avoit levé les vers, si, en

nettoyant les tables on trouve quelques vers éveillés, on les met à part. Ceux, en petite quantité encore assoupis, on les jette avec la litière. Si, après, on trouve dehors, sur la litière, des vers éveillés, on les prend et on les met dans l'endroit le plus chaud de l'atelier.

205. Promener la bouteille à gaz purifiant, n° 83, toutes les fois que l'on nettoie, et même toutes les fois que l'air paraît humide, chaud et malsain. Si la température extérieure est douce et peu différente de celle de l'atelier, ouvrir portes et fenêtres pendant le nettoiement. Si, au contraire, le temps est trop humide, trop froid, ou venteux, employer la flamme dans la cheminée, et ouvrir les soupiraux plus ou moins.

206. *Repas.* Les donner de six en six heures, en élargissant sur les tables, en donnant la feuille, et en transpor-

tant des vers du point où il y en a trop,
sur les espaces vides. On les égalisera
de cette manière.

DEUXIÈME JOUR DU CINQUIÈME AGE.

207. *Feuille.* 27 Kilogrammes, mondée, en quatre repas, le premier le plus
petit et le dernier le plus grand.

208. Elargir les bandes de vers, en
donnant la feuille.

TROISIÈME JOUR DU CINQUIÈME AGE.

209. *Feuille.* 42 Kilogrammes, mondée, en quatre repas. Le premier, le
plus petit, et le dernier, le plus grand.
Elargir en distribuant la feuille.

210. Aujourd'hui que le délitement
est rendu plus facile avec les filets ou
le papier percé, on nettoie les tables

tous les deux jours, ou même tous les jours jusqu'à la fin. Cela est surtout nécessaire, s'il fait bien chaud.

QUATRIÈME JOUR DU CINQUIÈME AGE.

211. *Feuille.* 54 Kilogrammes, mondée, en quatre repas, le premier, un peu plus petit que le dernier. Si on n'avait pas le temps de monder la feuille, il en faudrait un plus grand poids. La même observation subsistera pour les jours suivants.

CINQUIÈME JOUR DU CINQUIÈME AGE.

212. *Feuille.* 81 Kilogrammes, mondée, le premier repas le plus petit, et le quatrième le plus grand.

213. Si la feuille de chaque repas est mangée en moins d'une heure et demie, on donnera quelques repas intermédiaires, avec peu de feuille, particulièrement là où on en aurait donné moins qu'ailleurs.

214. *Nettoyer* les tables, comme il est expliqué plus haut, ayant soin de renouveler et purifier l'air, comme précédemment.

215. Dans ce qui précède et ce qui suivra, on suppose que la température est, dans l'atelier, entre 16 et 17 degrés. Si elle était forcément plus élevée, les progrès journaliers de la vie des vers à soie seraient avancés d'un ou deux jours pendant le cinquième âge, qui serait plus court. Il faudrait, par conséquent, devancer aussi ce qui est prescrit.

SIXIÈME JOUR DU CINQUIÈME AGE.

216. *Feuille.* 98 Kilogrammes, mondée, en quatre repas, dont le dernier

le plus copieux. Repas intermédiaire comme au jour précédent.

217. *Nettoyer* les claies si le temps l'exige.

————

SEPTIÈME JOUR DU CINQUIÈME AGE.

218. *Feuille* fine ou sauvage, mondée; 90 kilogrammes.

219. *Repas.* Le premier doit être le plus grand, et les autres aller en diminuant. S'il fallait quelques petits repas intermédiaires, on les donnerait.

220. Les vers à soie sont arrivés à leur plus grande longueur. Ce serait plus tôt, si la température était au-dessus de 16 degrés et demi.

————

HUITIÈME JOUR DU CINQUIÈME AGE.

221. *Feuille* maigre ou sauvage, mondée; 66 kilogrammes.

222. *Repas.* Quatre repas : le premier le plus grand, et le dernier le plus petit.

223. *Nettoyer* les claies ou tables.

224. *Air pur renouvelé.* Au besoin, bouteille à gaz, flambée, etc.

NEUVIÈME JOUR DU CINQUIÈME AGE.

225. *Feuille.* 50 Kilogrammes, qualité fine ou sauvage, ou maigre de vieux arbres, distribuée suivant le besoin.

225 bis. Les vers commencent à mûrir.

226. Feux légers, particulièrement pendant la nuit, bouteille à gaz, soupiraux ouverts, ventilation; et, s'il fait chaud dehors, rafraîchir et tout à la fois, sécher l'air tour à tour, etc. *V.* Ventilation.

MATURITÉ. — MONTÉE.

227. Les signes de maturité, décrits dans Dandolo, page 186, sont connus de tous les éducateurs. Le moment arrive le jour ou la nuit.

228. Arrangement des *cabanes, haies* ou *berceaux* de bruyère, ou petits fagots de paille de colza, etc., suivant les productions du pays. On a proposé de semer une plante à tige rameuse : la *scoparia*, etc. *V.* Dandolo, p. 187.

229. En garnissant de vers les espaces dans les cabanes ou berceaux, ne pas les trop serrer, en en mettant trop, de crainte d'avoir beaucoup de cocons doubles. On se sert d'un petit cheneau à manche pour y verser les vers.

230. *Feuille.* 24 Kilogrammes, maigre, fine ou sauvage, mondée. C'est le dernier repas sur les tables. On ne peut suivre aucun ordre. On donne aux vers peu à peu. On ne sait pas s'il faudra de la feuille le lendemain.

231. On procède à l'avant-dernier nettoiement des tables, à mesure qu'on y forme des cabanes ou haies.

232. On maniera les vers plus délicatement qu'auparavant.

233. On purifie l'air, et on le renouvelle doucement; mais on évite qu'il soit trop agité. C'est en exagérant trop ce précepte que beaucoup de gens de campagne *étouffent* et perdent tous leurs vers à soie, à cette époque. On tient l'atelier suffisamment sec. *V.* n° hygrométrie.

234. On peut, dans ce moment, procéder à un *délitement chinois*, qui consiste à répandre sur les vers de la paille hachée bien sèche; il a pour objet d'ab-

sorber le trop d'humidité des cabanes.
Les vers y montent comme sur la feuille.
Je ne l'ai jamais pratiqué, mais je le
crois bon.

235. On donne un peu de feuille aux
vers dans les cabanes; ils ne montent
pas à la bruyère s'il leur manque un
seul morceau; ils redescendent même
pour le manger, et remontent après.

236. Bien replacer les vers prêts à
tomber; les retourner s'ils ont la tête
en bas.

237. Dernier nettoiement des tables
dans les cabanes.

238. Vingt-quatre ou trente heures
après que les vers ont commencé à
monter, et que les quatre cinquièmes
sont à la bruyère, il en reste ordinairement sur les tables, dans les cabanes,
que l'on transporte dans le petit atelier. On y donne plus de chaleur (18
degrés) et de la bruyère; ils y montent

presque tous, excités par ce changement d'air.

239. Ceux qui sont *courts*, rosés et
chargés de trop de soie, ne peuvent
pas monter. En les mettant dans de la
bruyère non dressée, ils y font souvent
de très-bons cocons, dès qu'ils ont pu
y accrocher leur premier fil.

240. On termine par un nettoiement
entier de tout ce qui se trouve dans le
bas des cabanes.

COCONAGE.

241. Maintenir l'atelier de 16 et 1/2 à 17 degrés de *température*, autant que possible.

242. Que l'air se renouvelle lentement, sans courant rapide qui fasse tomber les vers.

243. Le *tonnerre* ne fait pas tomber les vers; mais il indique qu'il y a beaucoup d'électricité dans l'atmosphère, qui fatigue les hommes et les animaux. Il faut alors sécher et purifier l'air par des flambées et autres moyens indiqués et promener la bouteille de chlore, surtout *aérer doucement.*

244. On porte dans le petit atelier les vers qui tombent de la bruyère, n° 238.

245. Quand les vers se sont envelop-
pés de soie, on peut laisser entrer un
air un peu plus agité; il vivifie toujours l'insecte à travers son enveloppe
soyeuse. On est en usage parmi les
paysans de faire tout le contraire. On
étouffe tellement la magnanerie à cette
époque qu'il est impossible d'y respi-
rer.

SIXIÈME AGE.

—◦✕◦—

246. Décoconer le huitième jour après le commencement de la montée.

CHOIX DES COCONS

POUR LA GRAINE.

247. Dandolo dit qu'on peut choisir les cocons pour la graine, ou les prendre sans choix dans un atelier bien tenu, page 216. Fraissinet prétend avoir ajouté à la méthode de Dandolo, le moyen d'avoir, dans une portion de l'atelier, les cocons les plus parfaits pour la graine; il a publié son secret moyennant souscription. Il est bien simple, le voici :

248. Premièrement, il soigne séparément, dans le même atelier, *la première moitié* des vers qui éclosent de la graine, conservée *de même*, et non mé-

langée. Ce sont là trois conditions qu'il n'indique pas, mais qui sont tout à fait essentielles pour avoir réellement la moitié *premier-née.*

Secondement. A chaque mue, sur cette moitié, il prend les *trois quarts premiers éveillés*, et met le quart restant avec les autres. De cette sorte, à la montée, il lui reste pour vers à soie d'*élite*, environ le quart de toute la partie qui fait ses cocons à part. C'est sur ces cocons qu'il choisit ceux pour graine. Tel est tout son secret.

249. Dandolo déclare, au contraire, que tous les cocons d'une partie qui a réussi, sont également bons, p. 86; il dit même que la *quantité* de soie du cocon est indifférente pour la graine. Je ne partage pas ce dernier avis. Je ne choisis pas les cocons un par un, parce qu'à la longue, on change la race par un choix toujours le même. Je prends les cocons pour graine dans la partie

II

de l'atelier où ils n'ont monté ni les premiers ni les derniers, et où je les crois les meilleurs. J'en ôte les cocons doubles, ceux mal faits, et ceux de mauvaise couleur. Mes cocons sont jaune-pâle, un peu rosés. Après vingt-quatre ans de succès avec la même graine, mes cocons sont devenus un peu plus gros, et cependant ils sont aussi fermes que ceux de la même espèce qui sont plus petits. Les filateurs trouvent qu'ils ont beaucoup de soie.

250. Dandolo ajoute que cependant, si on veut faire un choix, on prend un demi-kilogramme de cocons pour avoir un peu plus d'un once d'œufs. On les choisit durs, surtout aux extrémités, resserrés dans leur milieu, et pas trop gros. On choisit à peu près autant de mâles que de femelles. Les cocons mâles sont en général plus petits, pointus d'un ou des deux côtés, et serrés dans le milieu. Ceux des femelles sont or-

dinairement très-ronds aux deux bouts, plus gros, peu serrés, ou pas du tout dans le milieu; mais ces signes ne sont pas très-certains.

251. On en ôte soigneusement toute la filasse.

252. *Conservation des cocons pour graine.* La chambre doit être sèche, entre 16 et 18 degrés de température. Fraissinet ne veut pas que la chambre soit *trop* sèche; il y suspend les cocons cordelés, ce qui me paraît tout au moins inutile. Séparer les cocons qu'on croit mâles de ceux qu'on croit femelles, afin qu'il y ait sur les cocons le moins d'accouplements faits avant que la femelle se soit vidée, rendant une liqueur épaisse et jaunâtre. Mettre les cocons dans des corbeilles, claies ou tables couvertes de papier, par couches de l'épaisseur de deux ou trois cocons au plus. Les remuer doucement quelquefois, de crainte d'humidité. Ils

H 2

restent en cet état onze à douze jours, à la température de 17 degrés.

253. *Naissance des papillons.* Quand on voit une extrémité de cocon mouillée, le papillon en sort une heure ou deux après. La chambre doit être *obscure*, attendu que le papillon du ver à soie, étant un papillon de nuit, le jour l'irrite et l'agite. Il faut pouvoir donner à l'appartement un peu de clarté quand on y opère, afin d'y distinguer les objets.

254. Les papillons ne sortent pas en grand nombre le premier ni le second jour, mais bien les 4e, 5e et 6e jours, et souvent presque tous en deux jours.

255. Les heures où il en naît le plus sont les trois ou quatre premières heures après le lever du soleil.

256. *Accouplement, séparation* et *ponte.* L'accouplement parfait s'annonce par des tremblements qu'on distingue au mâle qui est accouplé.

257. On commence par enlever délicatement les papillons que l'on trouve accouplés sur les cocons, les prenant par les ailes pour ne pas les séparer. On les met sur des tables de transport, n° 87 *bis*, couvertes de papier retenus avec quelques pains à cacheter, et on les met dans un appartement, un peu plus frais, assez aéré, et qu'on puisse rendre *bien obscur*. On place ces petites tables à terre, ou toute autre part, à l'abri des rats et surtout des chats. On note sur le papier l'heure qu'il est.

258. On place ensuite les femelles non accouplées sur un linge contre la muraille pour se vider. On rejette les papillons mâles qui sont chétifs et défectueux. On ne laisse les femelles sur le linge qu'environ dix minutes; car si elles y restent trop longtemps sans être accouplées, elles y déposent une graine non fécondée qui n'éclôt pas.

259. On *accouple* ensuite les mâles

et les femelles. Pour cela, on en met autant de chaque sexe sur d'autres tablettes de transport, qu'on porte dans l'appartement obscur, et on y note au crayon l'heure qu'il est.

260. Quelques instants après, s'il y a sur les cocons quelques papillons mâles, ou bien femelles, de reste, on les met dans des boîtes séparées, assez spacieuses, percées de quelques petits trous, et dans l'obscurité, au frais, jusqu'au moment où l'on trouvera à les accoupler.

261. Observer de temps en temps si ceux accouplés se détachent, afin de les rapprocher pour l'accouplement jusqu'au temps prescrit; puis les remettre dans l'obscurité.

262. On enlève, à mesure, les cocons percés et on rapproche les autres cocons, afin que les papillons qui éclôront trouvent un point d'appui. On remplace les morceaux de papier salis et

humides sur les claies et les tablettes,
pendant qu'elles sont vides, etc.

263. *Séparation des papillons.* On
laisse les papillons accouplés pendant
six heures; ce temps écoulé, on prend
délicatement les deux papillons par les
ailes et le corps, et on les sépare doucement. On met sur une petite table
les mâles qui ne sont pas accouplés,
pour choisir ensuite quelques-uns des
plus vigoureux, pour les accoupler avec
les femelles qu'on pourrait avoir eues
en plus grand nombre. On peut en conserver quelques-uns pour le besoin,
dans une petite boîte percée, et dans
une parfaite obscurité. Si on prévoit
le besoin de faire servir deux fois quelques mâles, on ne les laisse accouplés
que cinq heures la première fois. Fraissinet, sans dire que cela soit tout à fait
défectueux, ne veut pas qu'un mâle
serve deux fois. J'y ai été quelquefois

obligé, et cependant la graine a toujours éclos en totalité.

264. *Ponte.* Dans une chambre fraîche (environ 17 degrés), sèche, aérée, et très-peu éclairée, qu'on puisse rendre presque obscure, on aura préparé les linges en toile pour y faire déposer les œufs. Un mètre carré de toile peut contenir dix onces d'œufs. Si elle est plus étroite, on la met plus longue. On place la toile, pendante des deux côtés, sur un *chevalet.* La toile, tombant perpendiculairement, est recourbée sur une planche, à 20 centimètres du sol. Avec une table de transport, on porte sur la toile les femelles fécondées, les y plaçant les unes auprès des autres, à environ deux travers de doigt de distance, en commençant par le haut de la toile.

265. On peut ne laisser les femelles sur la toile que trente-six ou quarante heures, et leur faire déposer sur une autre toile, une autre graine, que quelques auteurs modernes croyent moins bien fécondée, mais que Dandolo regarde comme aussi bonne. Pour moi, je laisse les femelles sur la toile, jusqu'à ce qu'elles tombent mortes; et cependant la graine est si bien fécondée, qu'à l'éclosion, il n'en reste point dans la boîte.

266. Huit à dix jours après la ponte, la graine fécondée devient grisâtre, puis de couleur d'ardoise, et n'est parfaite qu'après quinze ou vingt jours, durant lesquels il faut la préserver de trop de chaleur, la laissant à 16 ou 17 degrés. La graine non fécondée reste toujours jaune.

267. *Conservation des œufs.* Après ce temps écoulé, on recueille dans des cartons les œufs tombés en bas des toiles. On enlève tous les papillons qui ne sont pas tombés. On ploie ces linges en quatre ou huit doubles, la graine

en dedans. On les met dans un filet de corde qu'on suspend au plafond d'un endroit dont la température ne dépasse pas 12 à 13 degrés dans le fort de l'été, et ne descende pas au-dessous de 0 en hiver, et qui soit sec et bien aéré, à cause de l'humidité qui ferait moisir. Le thermomètre et l'hygromètre apprendront s'il faut changer les linges de place. Tous les quinze jours en été, et tous les mois en d'autres temps, on vérifie si la fermentation ou des insectes ne gâtent pas les œufs. Ceux tenus trop au chaud mettent moins de temps à éclore dans l'étuve, ce qui prouve qu'ils ont subi un degré d'avancement qui a dû les altérer en hiver.

FIN.

TABLE.

—

FIN DE LA TABLE.

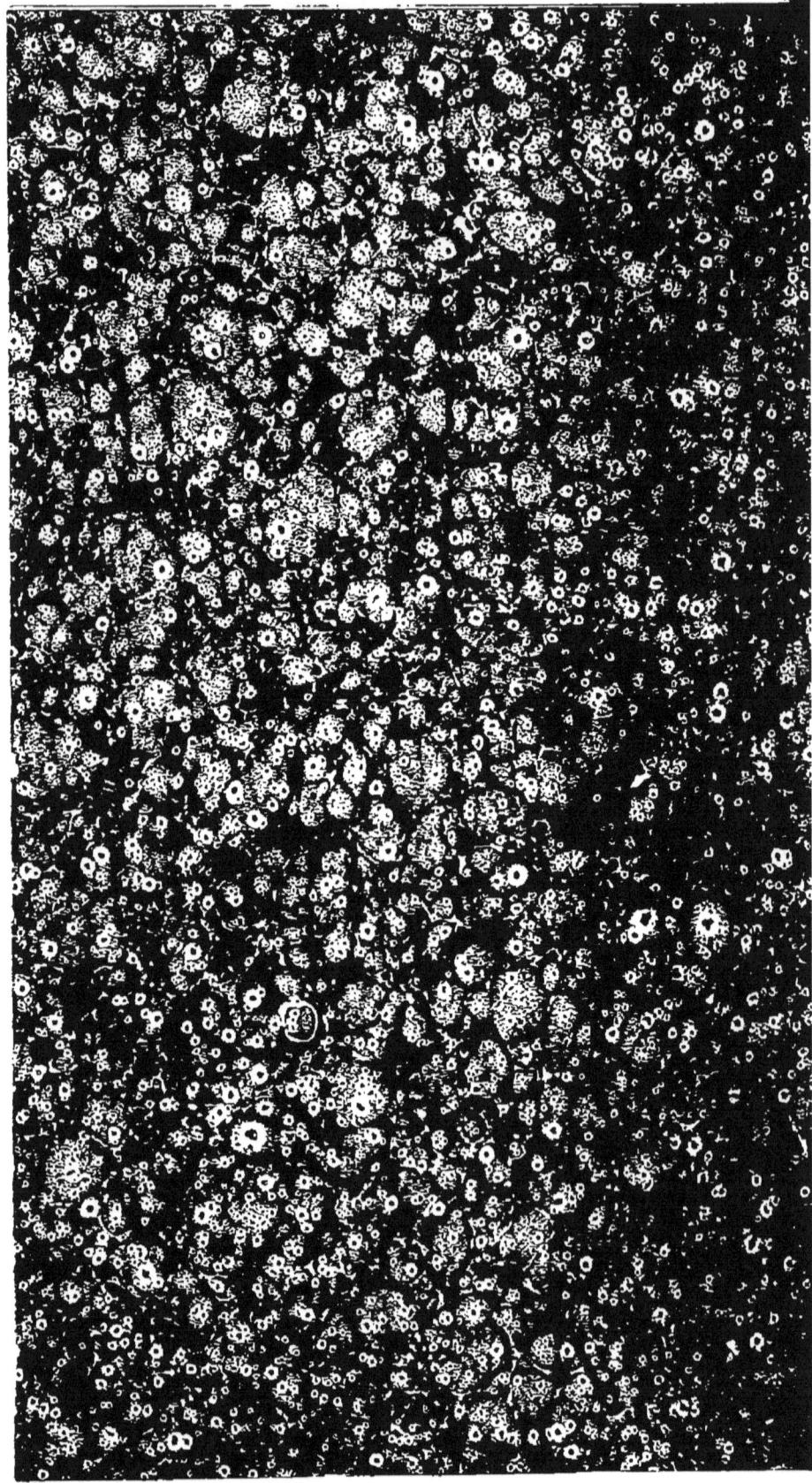

www.ingramcontent.com/pod-product-compliance
Lightning Source LLC
Chambersburg PA
CBHW071854200326
41519CB00016B/4377